<<<<<<<<< 国家林业局经济发展研究中心 ▣ 主编

气候变化、生物多样性和荒漠化问题

动态参考 年度辑要

2015

U0336497

中国林业出版社

图书在版编目（CIP）数据

气候变化、生物多样性和荒漠化问题动态参考年度辑要.2015/国家林业局经济发展研究中心主编.—北京：中国林业出版社，2016.8
ISBN 978 - 7 - 5038 - 8663 - 8

Ⅰ.①气… Ⅱ.①国… Ⅲ.①气候变化 - 对策 - 研究 - 世界 ②生物多样性 - 生物资源保护 - 对策 - 研究 - 世界 ③沙漠化 - 对策 - 研究 - 世界 Ⅳ.①P467②X176③P941.73

中国版本图书馆 CIP 数据核字（2016）第 200049 号

出版 中国林业出版社（100009　北京西城区刘海胡同 7 号）
电话 010 - 83143564
发行 中国林业出版社
印刷 北京中科印刷有限公司
版次 2016 年 10 月第 1 版
印次 2016 年 10 月第 1 次
开本 787mm × 1092mm　1/16
印张 11.5
字数 250 千字
定价 68.00 元

编委会

组　　　　长：李金华　　戴广翠

副　组　长：张利明　　王春峰

编委会成员：赵金成　　曾以禹　　贺祥瑞

　　　　　　张　多　　彭　伟　　吴　琼

　　　　　　李宇腾　　何　静　　田　昕

执 行 主 编：赵金成　　曾以禹　　张　多

前　言

　　近年来，我国林业深入贯彻落实党中央确立的以生态建设为主的发展战略，大力推进林业重点工程建设和林业重大改革，不断加强森林、湿地、荒漠生态系统和生物多样性保护恢复，取得了举世瞩目的成就，为社会提供了丰富多样的林产品和生态服务，逐步成为了国家生态建设的主战场、大舞台和支撑点，为国家可持续发展打下了较好的基础。据第八次全国森林资源清查结果，我国森林覆盖率达到 21.63%，森林蓄积 151.37 亿立方米。森林生态系统每年提供约 10 万亿元的生态服务价值。全国荒漠化土地和沙化土地面积持续双缩减。90% 的陆地生态系统类型、85% 的野生动物种群和 65% 的高等植物种群得到有效保护。在全球森林资源总体减少的情况下，我国成为世界上森林资源增长最快和生态治理成效最为明显的国家。同时，我国山区面积占国土面积的 69%，山区人口占全国人口的 56%。林业作为重要的绿色经济部门，在山区林区可持续发展和消除贫困中具有基础地位和起着关键作用，为我国社会主义小康社会建设作出了巨大贡献。

　　党的十八届五中全会作出了"十三五"规划建议安排，提出创新、协调、绿色、开放、共享五个发展新理念，对包括林业在内的各个重要领域推动经济社会发展实现全面小康目标，提出明确要求和做出安排部署。在这一新形势下，林业迎来了千载难逢的战略机遇期，进入了转型升级的关键阶段，推进林业现代化成为当前阶段的核心任务。如何坚持发展新理念为全面建成小康社会作出新的更大贡献，是摆在中国林业面前的一个重大课题。

　　在这一阶段，新形势、新情况千变万化，新矛盾、新问题层出不穷，新做法、新经验不断涌现。国家林业局党组要求认真贯彻落实党中央的要求，不断加强学习，坚持理论武装，树立世界眼光，善于把握规律，富有创新精神，努力提高执政能力和执政水平，以适应形势的变化和工作的需要。要坚持问题导向，找准理论与实践的结合点，以辩证的态度对待问题，以科学的方法分析问题，以正确的理论指导解决问题。要大兴调查研究之风，把调查研究作为培育和弘扬良好学风的重要途径，引导广大林业工作者在深入实践中学习，在总结经验中提高。目前，中国林业改革发展面临着一系列重大问题，需要从理论到实践上不断探索、认真总结、抓紧研究，同时借鉴国际经验，寻找解决的途径和方法。

按照国家林业局党组的要求，局经济发展研究中心从2007年起编发《气候变化、生物多样性和荒漠化问题动态参考》（以下简称《动态参考》），以气候变化、生物多样性和荒漠化治理问题为重点，密切跟踪国内外林业建设和生态治理进程，搜集、整理和分析重要政策信息，为广大林业工作者提供一个跟踪动态、了解信息、学习借鉴的平台。2015年，《动态参考》汇集了近百份有价值的重要信息资料，主要集中在三个方面：一是林业坚持绿色发展，重点关注林业在维护生态安全、保护生物多样性、增强生态功能、增进绿色惠民、建设绿色基础设施、加快绿色脱贫、应对自然灾害等方面的国际进展、成功案例和有效做法；二是公约动态，重点关注林业相关国际公约的进展情况及其对林业的影响；三是气候变化谈判与林业发展，重点关注林业应对气候变化的重要地位和各国战略，以及气候变化谈判对我国林业发展的机遇和挑战。这些信息必将对广大林业工作者开拓国际视野、指导当前工作起到参考作用。

今年，根据各方的要求和建议，国家林业局经济发展研究中心将2015年《动态参考》整理汇编，形成了一本内容全面、重点突出、资料详实、剖析深入的年度辑要，集中展现了林业生态治理的重要政策信息和理论创新成果。今后，在各方的支持下，《动态参考》及其年度辑要，会常办常新、越办越好，使广大林业工作者及时了解国内外林业建设和生态治理的进程动态和政策信息，从中学习借鉴好经验、好做法，为探索林业建设的新路子，加快推进生态林业和民生林业建设，为建设生态文明和美丽中国作出新的更大的贡献。

编者
2016 年 4 月

目　录

第四节　增进绿色惠民

第五节　建设绿色基础设施

第六节　加快绿色脱贫

第七节　增强应对自然灾害

第二篇　林业公约动态

第三篇 气候变化与林业碳汇

第一节 国际气候谈判

第二节 应对气候变化与森林碳汇

后 记

第一篇

林业坚持绿色发展

维护生态安全

联合国 2015 年后发展议程：
更加重视生态系统保护及地球承载极限

2014 年 12 月 4 日，联合国秘书长潘基文发布了关于 2015 年后发展议程综合报告《2030 年前通往尊严之路：消除贫困、变革生活并保护地球》（以下简称《综合报告》），旨在为 2015 年联合国大会就该议程的最终谈判定调，特别是 9 月将在纽约联合国总部举行可持续发展问题特别首脑会议，并通过新发展议程和一套可持续发展目标。《综合报告》希望制定一个消除贫困、保护地球生态系统、共享繁荣和平、造福全人类的新发展议程。

一、2015 年后发展议程的由来和新动向

2010 年，联合国启动了 2015 年后发展议程（以下简称新议程）的制定工作。经过 4 年多的努力，在联合国系统工作组、可持续发展目标开放工作组（以下简称开放工作组）等机构的共同努力下，新议程制定工作取得突破。

目前，由开放工作组提出的 17 个发展总体目标和 169 个具体指标，经反复征求各方意见，基本达成共识，成为政府间谈判的主要依据。这 17 个目标都很明确，并通过可衡量的具体指标进行监测，力求具有可操作性和全球普适性。

基于上述工作，潘基文秘书长在《综合报告》中将 17 个目标归结为六大要

素，即"尊严、人、繁荣、地球、公正、伙伴关系"。尊严：即消除贫穷和不平等；人：确保健康的生活、知识，并将妇女和儿童包含在内；繁荣：发展强有力、包容各方和有转型能力的经济；地球：为所有社会和我们的后代保护生态系统；公正：促进安全与和平的社会和强有力的机构；伙伴关系：为可持续发展促进全球团结。

在新议程生态保护目标制定进程中，联合国系统、相关国际组织、各成员国经过广泛磋商，逐渐从分歧走向弥合。联合国有关机构都主张提出生态目标，开放工作组提出的目标 15 基本反映了陆地生态系统及其服务的多功能性和重要性。发达国家支持将森林可持续经营纳入新议程，还强调三个议题：加强生态系统服务；减少毁林驱动力；关注森林社区、森林治理和林权。发展中国家广泛支持将森林可持续经营纳入新议程，在林业目标设定方面，分三种意见：一是设定单独的森林目标；二是将森林纳入各种可持续发展目标；三是将森林纳入生态系统目标。联合国粮农组织提出，一是强调要凸显森林的重要性，将林业目标单独设置；二是凸显森林的基础性。总的来说，将生态系统及生物多样性对可持续发展三大支柱的贡献完整纳入新议程，成为国际社会共识。

二、生态系统保护成为新议程独立完整的发展目标

《综合报告》倡导保护生态系统、尊重地球承载极限，强调为所有社会和我们的后代保护好地球生态系统，系统、独立、完整地提出了生态系统保护目标，目标更加突出生态安全和生态保护。集中表现在：

一是首次单独设置生态系统保护目标。千年发展目标对全面保护生态系统没有明确、单独的目标。新议程目标设置发生重大转变，将生态系统保护列为六个支撑可持续发展的要素之一（见专栏-1）。目标设计更加广泛全面。其中，开放工作组设置的 17 个目标，1 个完整反映生态系统保护，7 个与生态系统密切相关，目标 13、14、15 更是直接关乎生态安全与生态保护。

专栏-1 《综合报告》提出的生态系统保护目标

地球：为所有社会和我们的后代保护我们的生态系统

要尊重我们的地球承载极限，我们需要公平地应对气候变化，阻止生物多样性丧失，防治荒漠化和不可持续的土地使用。我们必须保护野生动物，保护森林和山区，降低灾害风险和发展复原能力。我们必须将海洋、河流和大气作为全球遗产加以保护，实现气候公正。我们必须促进可持续农业、渔业和粮食系统，促进对水资源、废物和化学品的可持续管理，促进对可再生能源和更高效的能源，使经济增长与环境恶化脱钩，推进可持续工业化和有复原力的基础设施，确保可持续的消费和生产，并实现对海洋和陆地生态系统以及土地利用的可持续管理。

可持续发展面临风险，有证据证明，气候系统变暖现在不可否认，并且人类活动是其主要原因。如果要避免气候变化的最坏影响，我们必须将全球气温升幅限制在 2℃ 以下。二氧化碳是人类活动引起的气候变化的最大促成因素。化石燃料的使用和森林砍伐是其两个主要来源。气候日益变暖将更可能产生严重、普遍、不可逆转的影响。我们等待采取可持续的生产和消费行为的时间越长，解决问题的代价就

（续）

会越高，技术挑战也会越大。适应可以减少气候变化的一些风险和影响。最迫切的是，我们必须在2015年底前通过有意义的、普遍性的气候协议。

来源：联合国秘书长2015年后发展议程综合报告《2030年前通往尊严之路：消除贫困、变革生活并保护地球》，P17。

二是全面完整提出生态系统保护目标。新议程强调保护大气、海洋和陆地生态系统，实现对陆地和海洋生态系统以及土地利用的可持续管理。将保护、恢复和促进可持续利用陆地生态系统，特别是可持续管理森林、防治荒漠化、制止和扭转土地退化、遏制生物多样性丧失，作为衡量可持续发展的重要目标。同时，强调综合考虑可持续发展的经济、社会、生态三大支柱，充分反映保护生态的多种效益。

按照联合国分类标准，保护生态能产生四种生态服务效益：一是提供保持水土、涵养水源等的调节服务（反映的是生态价值）；二是提供原料、产品等的供给服务（主要反映的是生态系统的经济价值）；三是提供旅游休闲、科研教育等的文化服务（文化与社会价值）；四是维持地球生命生存环境的支持服务（土壤形成和养分循环）。为了充分发挥多种生态服务效益，新目标详尽提出了保护陆地生态系统的相关指标，如确保养护、恢复和可持续利用陆地和内陆的淡水生态系统及其服务，特别是森林，湿地，山区和旱地；并提出，把生态系统和生物多样性价值纳入国家和地方规划、发展进程、减贫战略和国民账户（见专栏-2）。体现了保护森林、湿地等生态资源和生物多样性，促进实现生态资源多功能性和综合效益。在我国，林业部门承担"建设和保护森林生态系统、管理和恢复湿地生态系统、改善和治理荒漠生态系统、维护和发展生物多样性"的职能，基本完整反映在开放工作组目标15生态系统保护目标的框架下。

专栏-2　开放工作组提出的生态系统保护目标15

目标15　保护、恢复和促进可持续利用陆地生态系统、可持续管理森林、防治荒漠化、制止和扭转土地退化现象、遏制生物多样性的丧失

15.1　到2020年，根据国际协议规定的义务，确保养护、恢复和可持续利用陆地和内陆的淡水生态系统及其服务，特别是森林，湿地，山区和旱地。

15.2　到2020年，促进执行所有类型森林的可持续管理、制止砍伐森林、恢复退化的森林，并在全球把植树造林和重新造林的比例增加。

15.3　到2020年，防治荒漠化、恢复退化的土地和土壤，包括受荒漠化、干旱和洪涝影响的土地，并努力建立一个不再出现土地退化的世界。

15.4　到2030年，确保保护山区生态系统，包括其生物多样性，以便加强其能力，以产生惠益，这对可持续发展至关重要。

15.5　采取紧急和重大行动减少自然生境退化、遏制生物多样性的丧失，在2020年之前，保护和防止受威胁物种的灭绝。

15.6　确保公正和公平分享利用遗传资源所产生的惠益，促进适当获取这类资源。

15.7　采取紧急行动，制止偷猎和贩运受保护的动植物种群，解决非法野生动植物产品的供需问题。

（续）

15.8	到 2020 年，采取措施防止引进并显著减少外来入侵物种对土地和水生态系统的影响，控制或消除优先保护物种。
15.9	到 2020 年，把生态系统和生物多样性价值观纳入国家和地方规划、发展进程、减贫战略和账户。
15.a	从所有来源调集并大大增加财政资源，以保护和可持续利用生物多样性和生态系统。
15.b	从所有来源和各个层面调集大量资源，为可持续森林管理提供资金，并向发展中国家提供适当奖励推动这方面的管理，包括促进保护和重新造林。
15.c	加强全球支持的力度，努力打击偷猎和贩运受保护物种行为，包括增强地方社区的能力，以追求可持续生计的机会。

来源：《联合国大会可持续发展目标开放工作组的报告》，P9。

三是明确生态系统保护目标的核心地位。《综合报告》明确指出："各方都呼吁制定一个以人为本和关爱地球的议程"。标志着生态系统保护目标已经从外围提升到中心地位，即从千年发展目标关心人的发展"一元性"，到人和地球生态系统都同等关心的"二元性"。这一提升，表明为了发展牺牲生态的时代一去不复返，发展越来越强调生态系统的基础性和重要性。

四是更加重视生态系统保护目标落实。生态系统保护目标常常存在认同一致难和执行落实难等问题。以前的发展目标是通过各成员国之间的谈判"自上而下"决策，其他利益相关方较少参与。新目标强调广泛参与、认同一致、执行落实，在执行手段和议程落实方面都给出了详尽的具体方案，特别是在资金渠道、数据应用、评估监测方面提出了新思路，鼓励变革与创新，以更利于目标的操作实施。

综上，《综合报告》更加突出生态系统保护，究其原因：一方面，千年发展目标已取得实质进展，但发展的不平衡十分突出，尤其是生态和环境目标的实现并不理想。另一方面，过去几十年，人类改变生态系统的速度和规模过快，出现了森林锐减、土地荒漠化、湿地退化、物种灭绝等生态危机。面对全球性问题，共同应对是唯一选择。

三、2015 年后发展议程：我们面临的新挑战

新议程提倡生态保护是衡量未来发展的一个新航标，是各国竞争的新舞台。它为国际社会改善生态、消除贫困、实现包容性增长指明方向，也与我国建设生态文明和推进国家治理体系与治理能力的现代化基本吻合。过去 15 年，我国生态建设和保护取得了举世瞩目的成就。未来 15 年，《综合报告》所提出的生态系统保护目标，已经全面反映在中共中央、国务院印发的《关于加快推进生态文明建设的意见》中，保护生态系统已纳入国家战略。全面落实新议程生态战略和目标，积极参与国际生态规则制定，有利于展示大国生态建设成就，促进生态文明建设，彰显国家生态文明意志。

但是，我们也必须清醒地看到，《综合报告》强调共同分担责任、加强变革和治理、全球普适性等新动向，这将会对我国实施新议程发展目标带来挑战。

一是更加强调共同分担责任，对我国实现生态保护目标的实施能力和履行国际公约构成挑战。《综合报告》强调，落实新议程需要共同分担责任，明确提出三项具体要求：一是制定综合衡量可持续发展成果的标准，制定超出GDP的衡量可持续发展的办法，侧重衡量生态、公正、平等和可持续性；二是建立衡量可持续发展目标实现情况的国家统计系统；三是构建涵盖国家、地区、全球多层次的监测、评估和报告机制，监测和审查新议程目标实现情况。

这些新要求，反映出从当前几大生态公约遵循的"共同但有区别的责任"转变为"共同分担责任"的压力趋势，折射出国际社会关于发展问题治理原则转变的趋势，即责任的涵义从异质责任转向同质责任（遵循同样的道德或法律责任），承担责任的原则从二元标准转向一元标准（只考虑行为对环境的影响大小而不考虑应对能力大小）。这将对我国生态治理带来挑战。我国陆地生态系统资源本底不清、监测评估薄弱，随着生态危机压力和各方政治意愿的提升，共同分担责任的压力会强化相关国际公约的约束力和执行力，我国亟须加强履约能力建设和体系建设。

二是更加突出变革和治理，对国家生态管理机构设置和治理能力构成挑战。《综合报告》突出强调加强生态系统治理、加快建立可持续生产和消费方式、加强构建全球伙伴关系及其规则，对我国林业生态治理能力提出挑战。当前，资源约束趋紧、环境污染严重、生态系统退化是我国建设生态文明必须要解决的三大突出问题。从实施载体和机制看，我国现行的生态行政管理体制，不适应新议程提出的陆地生态系统可持续管理要求；现行生态保护与修复机构职能分散，难以实现陆地生态系统综合管理、"山水林田湖"综合治理的要求。

适应新的发展趋势，建立涵盖森林、荒漠、湿地、山区、野生动植物等体系的综合统一的陆地生态系统管理体制，是我国实现2015～2030年可持续发展目标的根本保障。

三是更加强调目标的完整统一，我国实现生态保护目标具有不确定性。《综合报告》生态保护目标，具体内容涵盖了森林、湿地生态系统、荒漠化防治、保护生物多样性、山区生态系统等多个方面。从生态系统管理法学和经济学的角度来看，我国缺乏相适应的管理体制和法律基础，难以确保整个生态系统处于良好边界内。我国法律分割现象比较突出，如森林法，仅能解决森林问题，难以覆盖水、空气、土地以及它们之间的相互关联。但生态系统可持续管理的系统性要求，国与国之间、各种类型的生态系统之间，关联性很强，按照新议程设定的目标，我国分散的生态管理职能、分割或缺位的生态保护法律，对实现目标带来不确定性。

四、及早谋划积极应对

当前，以应对和落实联合国 2015 后可持续发展议程、新目标为契机，抓住机遇，争取主动，重点做好三项工作：

一是探索建立全国陆地生态系统统一管理体制。基于陆地生态系统恢复和保护的需求，根据新议程生态保护目标系统、完整、统一设定和实施的要求，整合我国现有分散的生态管理职能，组建国家生态建设和管理部。

二是研究制定新议程发展目标设定的预案。认真分析新议程走向，研判下一步谈判进程中可能出现的新情况、新问题、新动向，及早谋划，提出预案。

三是加强和完善现有生态建设和保护监测体系。为适应新议程问责和审查机制的要求，参与全球可持续发展国家报告，提高我国履行国际生态公约的能力，亟须加强和完善现有生态建设和保护监测体系。

（分析整理：赵金成、曾以禹、刘珉、张多；审定：戴广翠、张利明）

联合国 2015 年后发展议程成果文件最终版草案发布

7 月 8 日，联合国 2015 年后发展议程政府间谈判进程发布"联合国峰会关于 2015 年后发展议程结果文件的最终版草案"（Final draft of the outcome document for the UN Summit to adopt the Post-2015 Development Agenda），有关人士预计这份文件将在 7 月 20～31 日举行的政府间谈判会议上得到确认。草案名为《世界转型：2030 全球行动议程》，具体内容包括前言、引言、可持续发展目标和指标、实施手段和全球伙伴关系，以及后续跟踪评估。草案指出，未来 15 年，将激励行动，为了人类和地球着力解决五个领域：人、地球、繁荣、和平、伙伴关系。

目前来看，就林业而言，这份文件从生态系统保护的内涵和实施要求都表现出进一步强化提升的趋势。一是有关生态系统保护的内容更加注重完整性。草案提出了较为完整的生态保护目标（见专栏），强调保护大气、海洋和陆地生态系统，实现对陆地和海洋生态系统以及土地利用的可持续管理。将保护、恢复和促进可持续利用陆地生态系统，特别是可持续管理森林、防治荒漠化、制止和扭转土地退化、遏制生物多样性丧失，作为衡量可持续发展的重要目标。同时，强调综合考虑可持续发展的经济、社会、生态三大支柱，充分反映保护生态的多种效益。文件也特别重视生态完整性提供的全面生态服务，如目标15.5在原来谈判基础上重新修订为"采取紧急和重大行动减少自然生境退化和破碎化"，新增加了减少生境破碎化、增强生态完整性的保护要求。又如，在关于世界的远景设想时，提出"未来的世界是人与自然和谐，野生生物和物种得到保护"。草案提出的可持续发展目标比以前的谈判文本，更加强化生态系统保护，如目标6.6提出"到2030年，与水有关的生态系统已经得到完全保护和恢复，包括山区、森林、湿地、河流、含水层和湖泊"。

专栏 最终版草案文件的生态系统保护目标

目标15 保护、恢复和促进可持续利用陆地生态系统、可持续管理森林、防治荒漠化、制止和扭转土地退化现象、遏制生物多样性的丧失

15.1 到2020年，根据国际协议规定的义务，确保养护、恢复和可持续利用陆地和内陆的淡水生态系统及其服务，特别是森林，湿地，山区和旱地，**到2030年如有必要采取进一步行动**。

15.2 到2020年，促进执行所有类型森林的可持续管理；**到2030年，停止毁林、恢复退化的森林，并在全球可持续增加植树造林和重新造林**。

15.3 到2030年，防治荒漠化、恢复退化的土地和土壤，包括受荒漠化、干旱和洪涝影响的土地，并努力建立一个不再出现土地退化的世界。

15.4 到2030年，确保保护山区生态系统，包括其生物多样性，以便加强其能力，以产生惠益，这对可持续发展至关重要。

15.5 采取紧急和重大行动减少自然生境退化和破碎化、遏制生物多样性的丧失，在2020年之前，保护和防止受威胁物种的灭绝，**到2030年如有必要采取进一步行动**。

15.6 确保公正和公平分享利用遗传资源所产生的惠益，促进适当获取这类资源。

15.7 采取紧急行动，制止偷猎和贩运受保护的动植物种群，解决非法野生动植物产品的供需问题。

15.8 到2020年，采取措施防止引进并显著减少外来入侵物种对土地和水生态系统的影响，控制或消除优先保护物种。

15.9 到2020年，把生态系统和生物多样性价值观纳入国家和地方规划、发展进程、减贫战略和账户。

15.a 从所有来源调集并大大增加财政资源，以保护和可持续利用生物多样性和生态系统。

15.b 从所有来源和各个层面调集大量资源，为可持续森林管理提供资金，并向发展中国家提供适当奖励推动这方面的管理，包括促进保护和重新造林。

15.c 加强全球支持的力度，努力打击偷猎和贩运受保护物种行为，包括增强地方社区的能力，以追求可持续生计的机会。

注：黑体字部分为新增加的生态保护内容。

二是在生态系统保护的实施要求上更加具体，对国际国内工作要求更加明确。草案文件在实施手段上，针对生态系统保护目标15明确提出三条内容：动员和显著增加各种资金资源，保护和可持续利用生物多样性和生态系统；调动所有重要的资金资源，支持森林可持续经营，并提供足够的激励支持发展中国家推进森林管理，包括保护和再造林，加强全球打击偷猎和贩卖

保护动物力度，增加当地社区能力促进可持续生计。

总的来说，这份草案在去年潘基文秘书长提出的关于 2015 年后发展议程综合报告的基础上，更加倡导保护生态系统，更加重视生态系统的完整性，对生态系统保护和恢复的内涵和要求更加明确。

（整理分析：赵金成、曾以禹、张多；审定：戴广翠、张利明）

联合国发布
未来 15 年可持续发展目标生态保护子目标

8 月 2 日，联合国 193 个成员国一致通过了未来 15 年全球可持续发展议程，有关人士预计该议程将在今年 9 月的联合国有关会议上获得通过。新议程名为《世界转型：2030 全球行动议程》（*Transforming our world：the 2030 agenda for sustainable development*），具体内容包括前言、引言、可持续发展目标和指标、实施手段和全球伙伴关系，以及后续跟踪评估。新的可持续发展目标包括 17 个目标 169 个指标，旨在实现消除贫困、保护地球、确保所有人共享繁荣的全球性目标。该文件指出，未来 15 年，将激励行动，为了人类和地球着力解决五个领域：人、地球、繁荣、和平、伙伴关系。

新议程关于生态系统保护方面的目标如下：

目标 15　保护、恢复和促进可持续利用陆地生态系统、可持续管理森林、防治荒漠化、制止和扭转土地退化现象、遏制生物多样性的丧失。

15.1　到 2020 年，根据国际协议规定的义务，确保保护、恢复和可持续利用陆地和内陆的淡水生态系统及其服务，特别是森林、湿地、山区和旱地。

15.2　到 2020 年，促进所有森林类型的可持续管理；停止毁林、恢复退化的森林，并在全球可持续增加植树造林和重新造林。

15.3　到 2030 年，防治荒漠化、恢复退化的土地和土壤，包括受荒漠化、干旱和洪涝影响的土地，并努力建立一个不再出现土地退化的世界。

15.4　到 2030 年，确保保护山区生态系统，包括其生物多样性，以加强其产生惠益的能力，这对可持续发展至关重要。

15.5　采取紧急和重大措施，以减少自然生境退化、遏制生物多样性的丧失，在 2020 年之前，保护和防止受威胁物种的灭绝。

15.6　根据国际协议，确保公正和公平分享利用遗传资源所产生的惠益，促进适当获取这类资源。

15.7　采取紧急行动，制止偷猎和贩运受保护的动植物种群，解决非法野生动植物产品的供需问题。

15.8　到 2020 年，采取措施防止引进并显著减少外来入侵物种对土地和水生态系统的影响，控制或消除优先保护物种。

15.9　到 2020 年，把生态系统和生物多样性价值纳入国家和地方规划、发展进程、减贫战略和账户。

15.a　从所有来源调集并大大增加财政资源，以保护和可持续利用生物多样性和生态系统。

15.b　从所有来源和各个层面调集大量资源，为可持续森林管理提供资金，并向发展中国家提供适当激励以推动这方面的管理，包括促进保护和重新造林。

15.c　加强全球支持的力度，努力打击偷猎和贩运受保护物种行为，包括增强地方社区的能力，以实现可持续生计。

（摘译自 Transforming Our World：The 2030 Agenda for Sustainable Development；编译整理：赵金成、曾以禹、张多、何静）

美国环境质量委员会：
生态环境保护是美国 2016 年预算重头戏

奥巴马总统去年 10 月提出，"我们有幸拥有世界上最美丽的风景。我们有责任为子孙后代管理好这些景观"。总统致力于保护我们呼吸的空气，饮用的水和热爱的室外场所。美国 2016 年的财政预算凸显了总统对生态环境保护的承诺。

奥巴马总统致力于保护我们赖以生存的空气和水，以及为人热爱的户外空间。正如他在今年的国情咨文中所指出，奥巴马政府保护的公共土地和水域，多于美国历史上任何一届政府。今天发布的 2016 财年政府预算，强化了奥巴马对于环境保护的承诺，即支持一些重点措施，这些重点措施将集中于保护美国丰富的自然资源，并确保所有公民都能享受到这些自然资源，无论现在还是未来。

这意味着国家公园将得到修护改善，并至少可继续保持一个世纪的历史。没有任何一处风景能够超越大峡谷、黄石公园和约塞米蒂国家公园的自然风光。因此，在国家公园管理局成立 100 周年之际，2016 年财政预算投资 8.59

亿美元（含 3 亿美元的托管基金）以帮助公园管理局在未来 10 年恢复和保护重要的公园设施，如游客中心、步道和体现历史、文化的建筑及民族瑰宝。国家公园百年计划也将利用私人捐款增加园区志愿服务的机会，让更多的年轻人能够感受自然。

奥巴马总统认为所有的美国人都应得到享受户外活动的机会，因此坚持为水土保育基金（Land and Water Conservation Fund，LWCF）提供支持，该基金在它成立的 50 年中惠益到美国的每一个郡县。该基金通过向近海石油和天然气开发进行投资以获得收益，用于支持保育项目，包括加强现有公园建设、保护珍稀自然景观、保护历史遗址如内战战场，以及其他公共用途（打猎、钓鱼和远足）。奥巴马总统主张为保育项目提供持续、有保证的资金，在财政预算中提议向保育项目全额拨款 9 亿美元，这相当于之前国会向油气企业等重点公共项目投入的资金总额。

随着不断扩大美国人享受户外活动的机会，奥巴马总统逐渐意识到保护土地和水域健康的必要性。面对全球气候变化，不可置之不理。总统预算有助于采取积极的行动来减少碳排放，并提高公众的气候变化适应能力。该预算用于减少传统能源发展带来的温室气体排放，约向内政部拨款 1 亿美元来发展可再生能源。该预算还可支持气候变化背景下国家自然资本的保护行动。如，以应对其他自然灾害的方式来抑制火灾威胁。这将在未来几年为消防成本提供明确的资金援助，并且能将这部分资金投入到更有效的防火减灾行动中，同时利于森林和牧场的长期健康和保护。

预算案中还有其他措施来增强本国自然资本，保护土地和水源。以下是其中的三个：

——恢复代表性生态系统：美国财政预算始终严肃落实总统对于恢复最关键流域和生态系统的承诺。奥巴马政府对沼泽地国家公园的财政投资已超过 16 亿美元，又提议追加 2.4 亿美元继续修复工作。其中，对五大湖恢复项目的资金支持为 2.5 亿美元，实现切萨皮克湾污染减排目标的财政投资为7000 万美元，并在墨西哥湾沿岸和普吉特海湾都有相应的环保投资。

——支持私人土地所有者：没有人比以土地为生的私人土地所有者更了解森林和土地的价值。总统致力于为这些人提供支持保障，在预算中永久性减免保护地役权税，农民和农场主可以根据他们的需要获得资助，其土地也不会转作他用。预算还提供 13.5 亿美元以帮助私人土地所有者和农业生产者采取多种保护措施。

——推动科学发展和工具升级：预算也提高了用于推动科技进步和工具升级的资金投入，以此来强化国家自然资本。其中包括 1.08 亿美元用于研究土地和森林的碳汇作用；3000 万美元用于开展美国国家海洋和大气管理局

（NOAA）的海洋酸化研究项目；4.15亿美元用在内政部的重要工作中，即研究气候变化率、提高土地和水域的气候变化应对弹性。

（摘译自：Council on Environmental Quality Blog 2016 Budget Highlights President's Commitment to Conservation；编译整理：张多、陈串）

第二节

保护生物多样性

全球野生动物数量持续大幅下降
急需可持续的应对方法

　　世界自然基金会（WWF）最近发布了第 10 版《2014 地球生命力报告》（简称《2014 报告》）。《2014 报告》称，仅在 1970～2010 年 40 年中，全球野生动物的数量就减少了一半以上。野生动物的持续减少警示人类必须寻求可持续的解决方法，因为严重恶化的生态状况已威胁到自然系统和人类生存。

　　《地球生命力报告》是 WWF 每两年发布一次的旗舰出版物。WWF 在《2014 报告》中利用伦敦动物学学会（Zoological Society of London）发布的地球生命力指数（LPI）追踪了 1970～2010 年 1 万多种脊椎动物种群规模的变化趋势。《2014 报告》中的生态足迹（ecological footprint，EF）测量工具由全球足迹网络（Global Footprint Network）提供。

　　——野生动物数量下降极其严重

　　《2014 报告》中数据显示，目前，地球上物种数量的减少趋势比以往都要严重。在 1970～2010 年间，LPI 所追踪的鱼类、鸟类、哺乳动物、两栖动物和爬行动物的数量减少了 52%。热带地区的降幅更大。拉丁美洲下降最为明显，降幅达 83%。

　　《2014 报告》显示，有记录以来对生物多样性造成最大威胁的原因是栖息地的丧失和退化合并造成的影响。气候变化对生物多样性造成的威胁越来越令人不安。研究显示，气候变化很可能已经要为将来物种的消失而负责。

虽然生物多样性的丧失已到非常严峻的程度，但《2014 报告》还是强调指出，对保护区的有效管理可以为野生动物提供保护。例如在尼泊尔，近年来老虎种群数量是增加的。整体而言，在保护区种群数量减少的速度不及非保护区的一半。

——生态足迹增加

《2014 报告》称，人类对地球资源的需求已经超过了自然的可再生能力的 50%。也就是说，需要 1.5 个地球生产的资源才能支撑目前人类所必需的生态足迹。

生态足迹，指支持每个人生命所需的生产土地与水源面积，是用以衡量人类对地球生态系统与自然资源的需求的一种分析方法。此分析将人类对自然资源的消耗与地球生态的能力进行比较。

《2014 报告》显示，不同国家之间，特别是不同经济水平和不同发展水平的国家之间，其生态足迹和发展水平没有直接的关系。高收入国家的人均生态足迹平均是低收入国家的 5 倍。人均生态足迹最高的 10 个国家分别是：科威特、卡塔尔、阿联酋、丹麦、比利时、特立尼达和多巴哥、新加坡、美国、巴林岛和瑞典。

低收入国家的生态足迹最小，但其生态系统却遭受到最严重的损害。大多数高收入国家的生态足迹已持续 50 多年超过地球再生能力的总量了。相比之下，中等收入和低收入国家人均生态足迹上涨幅度相对较小。

——急需可持续的解决方法

在地球处于严峻态势的这个时刻，《2014 报告》是一个供各国政府、企业和社会团体进行全球对话、决策和行动的平台。

《2014 报告》通过收集全球范围内有代表性的成功项目案例为扭转当前局势指出行动的方向。在亚洲，许多城市正在通过各种创新的方法来实现碳减排、整合可再生能源以及促进可持续消费。在非洲，政府可以为保护野生动物与企业共同保护自然区域。

WWF 的"一个地球的观点"表明，地球每个角落都可以为维持一个不超越地球再生能力的足迹贡献一份力量。《2014 报告》认为，通过 WWF 的名为"一个地球生存"的项目，可以扭转报告中显示的生物多样性下降的局势。

（编译整理：张建华）

美国鱼类和野生生物局：
国家野生生物庇护系统保护未来和下一代

最近，美国鱼类和野生生物局(USFWS)网站发布国家野生生物避难系统(USNWRS)生态保护数据，强调该系统是美国保护未来和下一代的主载体。

该系统已有 100 多年的历史，为美国人提供干净水、洁净空气和丰富的野生动物，以及世界一流的休闲胜地。该系统陆地保护面积 1.5 亿英亩(约 6073 万公顷)，海洋保护面积 4.18 亿英亩(约 1.69 亿公顷)。该系统由 560 个国家野生生物避难所和 38 个湿地保护区组成，目前形成在每一个州至少一个国家野生生物保护区的分布格局。

该系统为 700 多种鸟类、220 种哺乳动物、250 种爬行类和两栖类动物，以及超过 1000 种鱼类，提供了栖息地。380 多种受威胁或濒危植物或动物，受到较好保护。每年，数以百万计的候鸟使用该系统作为中转所，实现季节演替迁移。该系统目前还提供狩猎、钓鱼、观察野生动植物、摄影、生态教育等多种功能。

（摘译自：http：//www. fws. gov/refuges/about/index. html；编译整理：赵金成、曾以禹、张多；审定：张利明）

美国增强自然生境保护
提升"栖息地蓝图"服务功能

美国国家海洋和大气管理局(NOAA)的"栖息地蓝图"(Habitat Blueprint)是为保护鱼类等野生生物，基于当前实施项目、重点领域和未来保护重点，具有前瞻性、战略性和创新性的监测栖息地退化和丧失挑战的合作伙伴框架计划。其目标旨在保护可持续发展和丰富的鱼类种群、恢复受威胁和濒危物种、避免沿海和海洋区和栖息地面临风险、建设具有弹性的沿海社区、增加沿海旅游和休闲功能。

为了保护好美国政府确定的关键栖息地区域(habitat focus areas)，美国国家海洋和大气管理局向栖息地蓝图投入 300 万美元，旨在增强其在五个关键栖息地区域的服务能力：缅因州的 Penobscot 河、马里兰州和特拉华州的 Choptank 流域、加利福尼亚州的 Russian 河、关岛的 Manell-Geus 流域以及夏威夷西部。

（摘自：http：//www. habitat. noaa. gov/habitatblueprint/news/noaainvests-millionsintargeted habitat conservation. html；编译整理：赵金成、曾以禹、何静、张多；审定：张利明）

增强森林生态功能

联合国第 11 届森林论坛概况：
在新起点上促进可持续发展的国际森林安排

一、会议概况

第十一届联合国森林论坛 5 月 4 日开幕，会议为期两周，主题是"森林：进步、挑战以及森林问题国际安排前景"。论坛的 197 个会员国和观察员国审议并加强现有国际森林政策。会议产生的部长宣言和有关决议将用来指导国际社会未来十五年对森林的管理、保护和发展所采取的行动。

本次会议共包括 11 个议程，其中主要议题是 3 项，即审查国际森林安排的效力并审议今后各种选项；审查实现全球森林目标的进展情况和关于所有类型森林的无法律约束力文书的执行情况；审查森林和国际森林安排、包括关于所有类型森林的无法律约束力文书对国际商定发展目标的贡献。

二、新起点上促进可持续发展的国际森林安排

目前，全世界有 16 亿人，即超过 25% 的世界人口，依赖森林为生，其中有 12 亿人利用农场上的树木来获取食物和现金。在气候变化的背景下，可持续的森林管理和对森林产品的负责任的使用是最有效和成本最低的自然碳捕捉和碳储存体系。

自 1992 年以来，森林问题一直是国际政策和政治议程的优先议题。过去

十年，主要关注的焦点是制定政策以提升所有森林类型的可持续发展。

2015 年是国际社会制定新的全球可持续发展议程的关键年份，其目标是消除贫困并且实现可持续发展，将森林政策融入到新的可持续发展议程当中，显示了国际社会对于森林在消除贫困以及应对气候变化方面的关键作用的认识不断增强。

这次森林论坛会议的讨论成果有助于制定未来十五年的全球森林政策，而且融入到今年 9 月即将讨论审议的全球可持续发展议程当中。

三、会议成果和专家视角

会议最终通过了部长宣言——《我们希望的森林：2015 年后国际安排》（*International arrangement on "The forests we want：beyond* 2015"）。部长宣言高度重视和强调所有类型森林在实现可持续发展方面的重要作用和贡献，承诺致力于制定一个更强大和更有效的 2015 年后国际森林安排，进一步强化资金机制、加强能力建设、提升国际森林安排构成要素的履职能力、加强和完善与相关国际公约和组织的协作。

会议向联合国经社理事会提交了一份决议，决议指出，应加强国际森林安排，并将其延长至 2030 年；决定国际森林安排由森林论坛、成员国、论坛秘书处、森林合作伙伴关系（CPF）、全球森林资金促进网（the Global Forest Financing Facilitation Network）和论坛信托基金组成；为使协商进程（the Facilitative Process）更有效，决议建议经社理事会决定：将协商进程升级为全球森林资金促进网，设定优先领域以加强战略计划中的协商进程，它以森林合作伙伴关系森林资金追踪平台为基础，将作为现有和未来森林资金的交换所（clearinghouse），并作为成功项目分享经验的平台；决议还请全球环境基金考虑选择其下一个增资过程中建立一个关于森林的新的重点领域，并不断寻求改善现有的森林融资方式。

潘基文说："为建立一个可持续的、气候适应型的未来，我们必须对人类赖以生存的森林加大投资力度。而做到这一点需要在国家最高层面做出政治承诺、采取灵活的政策、加强有效执法的水平，以及创新的伙伴关系和资金协助。"

负责经济与社会事务的联合国副秘书长吴洪波说，森林给人类带来的益处是无法估算的。森林能够驱动经济发展和繁荣，提供就业机会和改善生计，同时还能提高人类健康和福祉。已存并经证明的解决方法表明，要创造我们想要的未来，加大对森林的投资力度是实现未来可持续发展的一条路径。

（摘自：联合国森林论坛网站、人民网、经济日报等相关资料；摘编整理：赵金成、曾以禹、张多）

联合国第 11 届森林论坛：合作共建顺应时代要求且行之有效的国际森林安排

一、国际森林安排取得重大进展但仍面临严峻挑战

自 2008 年以来提交的国家报告表明，国家和国际两级实施可持续森林管理的活动和行动在增加。所有类型森林的无法律约束力文书为国家森林行动提供了宝贵框架，许多国家制定其国家森林政策和立法时都考虑到这一点。特别是，发展中国家强调了文书的支持作用，自 2007 年以来，许多发展中国家都采用了新的森林政策措施。同时，发达国家通常报告旨在确保可持续森林管理的现有长期措施的修订版本。63 个国家已经通过了新的森林立法或修订了现有森林立法，66 个国家已经采取了新的森林政策或修订了现有森林政策，50 个国家已经采用了新的国家森林方案或修订了现有的方案，32 个国家已经采取了与林地占有权相关的行动，30 个国家已采取了其他措施。

但国际森林安排在推进森林可持续管理方面仍然面临严峻的挑战，集中表现在：

——在实现全球森林目标方面。

毁林的速度虽然较慢，但在不断进行，实现目标 1 的进展缓慢。尽管森林社区可以采取维持健康森林的行动和报告现有森林的状况，但是森林决策者往往对国家一级更广泛土地使用的规划和把林地转为其他土地用途的影响力不大。

实现目标 2 表明，尽管各国承认森林在提高森林的经济、社会和环境收益、包括改善以森林为生者的生计方面的作用，但是自 2007 年以来实现目标 2 取得的进展还得不到明确的量化证明，而仅仅是靠一些国家的案例进行佐证。

就目标 3 而言，取得了进展，不过还远未实现，依然存在重大挑战，包括能否提供可持续管理森林的数据。认证计划的范围不断扩大是一项有用的补充指标，但是不能直接衡量来自可持续管理森林的林业产品比例或评估这样的可持续森林管理。评估目前的状况和确定增加来自可持续管理森林的林业产品比例的机制，还需要做进一步的工作。

就目标 4 而言，在可持续森林管理的资金筹措方面存在明显的专题和地域差距。森林筹资需求与目前各级的可持续森林管理资金流之间存在很大差

距。一个重要方面是建立一个加强支持森林文书执行能力的战略信托基金。

　　——在资金方面。

　　各方报告，实施可持续森林管理的主要挑战是缺乏充足和可持续的资金及其对机构能力和实地执行工作造成的后果。在过去8年中发展中国家执行文书获得的财政支持很有限。与其他政府优先事项相比，可持续森林管理没有列为充分优先事项，缺乏资金与这个问题相关联，这表明低估了对森林资源的经济、社会和环境收益。

　　一些国家指出，人口增长和作为谋生手段对森林资源的高度依赖等问题对森林造成的压力越来越大，导致对森林资源的侵占、过度放牧和过度开发。他们还指出，处理不明确的土地占有制的挑战，有人表示在对森林拥有正式权利的社区，毁林率较低。

　　其他压力包括要求把林地转为种植、农业、采矿和城市发展等其他用途以及干旱、荒漠化和气候变化造成的压力。面对这样的压力，许多国家（尤其是非洲区域、亚太区域以及拉丁美洲和加勒比区域的国家）都说明了资金不足给森林治理机构带来的后果，造成了训练有素的专业工作人员缺乏，不能有效地监控林业法律法规的合规情况、与利益相关方充分联系、开展清查摸底工作并解决火灾、虫害和疾病等管理问题。

　　——在监测、报告和评估方面。

　　在执行所有类型森林的无法律约束力文书和实现全球森林目标方面取得了一些进展。然而，如果没有明确的基准、评估方法和定量指标，很难衡量这一进展的确切程度。

　　在评估森林退化（目标1）、衡量森林的社会经济收益（目标2）、量化来自可持续管理森林的产品数量和价值（目标3）和确保可持续森林管理资金筹措的全面信息（目标4）方面仍存在巨大的信息差距。

　　——在森林执法和治理方面。

　　虽然每个国家主导举措都侧重于森林治理的一个具体方面（如权力下放、REDD＋机制、绿色经济和未来国际森林安排），但它们都指出，把国际协定变为国家一级行动，同时确保多级治理的知识和价值方面的问题普遍存在。各级森林治理（地方、国家、区域或国际）越来越支离破碎，有各自的利益相关方，但每级都以各种方式影响其他各级，特别是通过相互关联的机构以及思想和财政资源的传播。

　　非法采伐的木材产品国际贸易在过去十年中大幅下降。然而，有些不受森林执法和治理文书影响的贸易流量仍有问题，如发展中国家之间的国内和区域贸易。

　　尽管取得了进展，森林执法和治理措施的全球覆盖仍不平均，一些国家和地区比其他国家更有条件打击森林产品的非法采伐和贸易。此外，虽然为处理国际木材产品贸易，特别是南北国家之间的国际木材产品贸易实施了一些措施，但国内、区域和南南贸易没有得到充分关注。不均衡的覆盖和缺乏适用于国内、区域和南南贸易的法规，使人可以利用漏洞并鼓励渗漏，从而削弱改进全球森林执法和治理工作的成效。

在缺乏一个促进森林执法和治理的普遍性框架的情况下，各级不同机制零敲碎打和临时的积累，产生了每个区域都不一样的拥挤且复杂的立法环境。在这个复杂环境中航行可能是一项重大挑战，可能构成森林部门投资风险。此外，立法多元化使合法和非法做法之间的界限更加模糊，产生了一个灰色地带，削弱全球打击非法采伐的斗争。

此外，虽然一些区域得到有效机制的覆盖，差不多根除了非法伐木和贸易，但其他区域的国家则在很大程度上被排除在外。在某些地区受到制裁的非法做法在其他区域可能会得到容忍，造成当前森林执法和治理环境中的重大差距，这可能鼓励利用漏洞和渗漏，从而限制整套森林执法和治理措施的效力。

鉴于上述考虑，需要对所有森林执法和治理措施进行一次全球审查，以便更好地了解整个森林执法和治理环境。这将有助于查明仍然存在哪些差距，以更好地加以处理，并减少潜在漏洞的问题。

二、呼吁建立顺应时代要求且行之有效的国际森林安排

森林为世界各地民众的生活和福祉提供多重利益。所有类型森林的可持续管理对于消除贫困、经济增长及体面就业、粮食安全及营养、性别平等、治理、健康、水的质量及供应、能源生产、减缓和适应气候变化、生物多样性保护、可持续土地管理、流域保护和减少灾害风险至关重要。但是，目前森林在许多区域不断丧失和退化、全球森林治理不成体系以及今后若干年全球对森林产品及服务需求加速的影响。

未来国际森林安排应全面、系统反映森林的多重效益，以全面、综合方式处理与森林有关的挑战及问题，促进政策协调和合作以实现所有类型森林可持续管理。并实现与森林有关的可持续发展目标和指标以及在把森林纳入更广泛的 2015 年后发展议程。

为此，论坛强调须加强国际森林安排的能力，以促进森林政策的一致性，推动可持续森林管理的实施和筹资，促进各级在森林问题的协调和协作，将2015 年后国际森林安排纳入更广泛的 2015 年后发展议程。

将国际森林安排延长至 2030 年，主要实现三大目标：一是促进执行所有类型森林的可持续管理，特别是执行关于所有类型森林的无法律约束力文书；

二是加强森林对可持续发展的贡献，包括实现与森林有关的可持续发展目标和指标；三是为此加强长期政治承诺。

并提出，2015 年后国际森林安排应基于以下两大制度安排：一是由论坛成员国、论坛及其附属机构、关于所有类型森林的无法律约束力文书和森林合作伙伴关系及论坛秘书处组成。还包括联合国森林论坛信托基金及其自愿性战略信托基金/全球森林基金，以及经过升格的协助进程；二是以透明、具有成本效益、负责任的方式进行运作，并与其他森林进程和倡议进行更好的、具有增值效果的协调。

（摘自：联合国森林论坛网站；摘编整理：赵金成、曾以禹、张多）

联合国第 11 届森林论坛：寻求将国际森林安排纳入 2015 年后发展议程大框架

一、现行国际森林安排取得了积极成效

联合国森林论坛自建立以来，发挥了积极作用，主要表现在提高认识、加强政治承诺和提升森林在全球发展议程中的作用。关于审查国际森林安排的闭会期间工作显示，现行安排成功地提升森林问题在全球发展议程中的地位，影响了其他论坛有关森林问题的国际政策协定。在与森林有关的其他政府间机构和进程以及可持续发展首脑会议上，已明显感觉到论坛工作的影响。

自 2005 年以来，联合国粮食及农业组织、全球环境基金和国际热带木材组织的文件和决定，以及根据《生物多样性公约》、《联合国关于在发生严重干旱和/或荒漠化的国家特别是在非洲防治荒漠化的公约》和《联合国气候变化框架公约》印发的文件和决定提到论坛和关于所有类型森林无法律约束力文书的次数超过了 112 次。一个例子是，减少发展中国家毁林和森林退化所致排放量联合国合作方案促进森林政策和森林筹资方面的伙伴关系，论坛在其中发挥关键作用。除其他活动外，这还包括将无法律约束力文书纳入其五年期战略。

论坛通过的无法律约束力文书及四项全球森林目标是另一个重大成就，它有助于促进对全世界可持续森林管理的普遍和共同理解及采取普遍和共同方法。

联合国 2012 年可持续发展大会题为"我们希望的未来"成果文件关于森林

一节主要来自论坛第九届会议通过的高级别部分部长宣言。同样，论坛成功提升了森林在发展议程大框架中的地位，同时，与森林有关的目标也被纳入拟议的可持续发展目标。

除此之外，论坛还在森林筹资、变化环境中的森林、森林造福人民、森林和经济发展、森林和除贫，以及监测、评估和报告等重大领域开展重要工作。这些工作也促进了对各种问题复杂性和关联性的更深了解，为会员国通过建立协助进程等方式在其中一些领域达成实质性协议铺平了道路。论坛还积极协助各国在森林筹资方面开展能力建设工作。

但是，审议结果显示，要充分实现论坛和国际森林安排的潜力，仍然有很长的路要走。各国和其他利益攸关方指出，未来国际森林安排应在已有成就的基础上，采取进一步步骤应对与森林和可持续森林管理有关的挑战。

二、各方为打造国际森林安排共同愿景奠定了良好基础

2015 年是关键一年，几次重大的会议将商定措施和手段，以消除贫穷、促进发展，更好地满足人类需求及促进经济转型，同时保护生态环境、保护人权。定于 7 月在亚的斯亚贝巴举行的第三次发展筹资问题国际会议；为通过 2015 年后发展议程将于 9 月在纽约举行的国家元首和政府首脑会议；定于 12 月在巴黎举行的联合国气候变化框架公约缔约方大会第 21 届会议。

当前重建全球进程的基石是 2012 年 6 月在里约热内卢联合国可持续发展大会通过上述成果文件后奠定的。它描述了 20 年发展经历的经验教训，广泛评估了执行可持续发展议程的进展和差距，为促进形成未来可持续发展的国际共识打下良好基础。

2014 年 8 月，可持续发展筹资问题政府间专家委员会发表了关于有效的可持续发展筹资战略备选方案的报告。委员会为政策制定者提出了有 100 多项选择的一揽子备选方案。

重要的是，2014 年 7 月，可持续发展目标开放工作组提出了审议结果。经过一年多的包容性和紧张的协商审议，开放工作组提出了 17 项具体目标和 169 项相关指标。现在森林在拟议目标中占有显著位置，其中有两个目标与之直接有关，即目标 6 和目标 15。

在这些工作基础上，对国际森林安排闭会期间活动所提建议的审查结果显示，论坛关于制定可靠的 2015 年后安排的决定拥有前所未有的坚实基础。尽管各方对于通过有法律约束力的森林文书和建立全球森林基金等问题仍然意见不一，但就 2015 年后国际森林安排的前景而言，各国的共同点比以往任何时候都多。

三、将国际森林安排纳入 2015 年后发展议程大框架成为共同的期望

目前，各国政府和利益攸关方普遍认为"一切照旧"是不可接受的。应通过更好地促进实施可持续森林管理来加强当前安排，还应发挥现有优势并从过去的经验中吸取教训。各方普遍同意，需要在大会认可的 2015 年后发展议程中纳入森林、可持续森林管理及未来安排等内容，并加强与森林有关组织的工作的协调一致。所有类型森林的可持续管理有望成为国际森林安排今后的目标，并指导 2015 年后安排及其组成部分。

未来国际森林安排的重点是产生真正影响，并加强以下三个方面：

——促进可持续森林管理的执行和筹资。

有关方一再呼吁，未来国际森林安排应有效推动可持续森林管理的执行且加快筹资，并对与所有类型森林有关的各级政策和措施产生真正影响。目前，论坛一直是全球主要的政策讨论机构，但仍需付出更多努力，提升其作用。论坛今后的作用不应完全限于政策辩论或政策对话。进一步加强论坛对调动森林筹资和增加获得现有资金机会的促进作用，特别是通过协助进程发挥作用。事实上，促进可持续森林管理的执行和筹资以及关于所有类型森林的无法律约束力文书已经成为协助进程各项职能的重点。

未来国际森林安排尤其应当促进所有类型森林的可持续管理，造福今世后代，并进一步加强这方面的长期政治承诺。延长后的论坛具有普遍成员制、综合森林任务以及纽约联合国总部的政治可见度，因此可以在全球发展议程可持续森林管理中发挥监督作用。未来国际森林安排应增强五个方面：

一是 2015 年后无法律约束力文书。它提供了实现可持续森林管理的全面行动框架，最重要的是，可持续发展目标开放工作组报告提出的与森林有关的目标若最终得到认可，即可在更新文书时被纳入森林文书及其全球森林目标。

二是进一步加强对可持续森林管理的政治承诺。今后的论坛应继续加强对所有类型森林可持续管理的政治承诺，提高关于森林对可持续发展多重惠益的认识。这些是未来国际森林安排所有构成部分的责任。

三是设立论坛执行委员会。系统地监测及审查可持续森林管理和森林文书的执行进展以及论坛过去就促进落实可持续森林管理筹资所作的各项决定。

四是建立战略信托基金。在论坛信托基金下设立一个自愿战略信托基金，资助升级后的论坛协助进程的各项活动，履行现有的 10 项职能及可能的新增职能，基金的总体目标可以设定为加强各国执行更新过的森林文书的能力，包括帮助制定全国行动计划，编制方案和项目，以调集更多资源，实行可持续森林管理。

五是增强论坛协助进程。成为论坛下的一个可持续森林管理协助机制。升级后的论坛协助进程还可取名为全球森林融资机制、联合国森林论坛森林融资机制。其内涵包括重振旗鼓，使协助进程能履行全部 10 项职能，并帮助各国在下列各方面建设能力：执行工作、有效调集资源、宣传治理及森林执法交流。

——将未来国际森林安排纳入 2015 年后发展议程。

将森林方面的具体指标纳入可持续发展目标开放工作组拟订的两个目标，并将森林的多重功能作为一个重要的发展内容，这两点显然是今后国际森林安排的关键要素，因此应当纳入森林安排的规划中。可以将目标 6 和 15 中与森林有关的指标纳入更新后的森林文书及其全球森林目标。

论坛是唯一一个普遍参与的关于森林问题的政府间政策论坛，因此有独特的优势来监测森林方面目标和指标的落实情况。在这方面，必须将更新后的森林文书以及经大会批准的 2015 年发展议程中有关森林的成果的执行、监测、评估和报告工作当作 2015 年后国际森林安排、特别是论坛今后的主要任务。

为实现上述目标，会员国可就论坛今后能发挥哪些具体作用来监测、评估和报告经大会批准的 2015 年发展议程中有关森林的成果的执行工作，向可持续发展高级别政治论坛提出有益的建议。这样，今后的国际安排就能将森林业界与普遍的可持续发展讨论、与高级别政治论坛联通起来。

会员国若能在论坛第十一届会议上就本报告概述的问题达成一个框架协定，则 2015 年 9 月首脑会议通过 2015 年后发展议程、2015 年 12 月在巴黎举行联合国气候变化框架公约缔约方第二十一届会议后，即可在闭会期间进一步审议如何更新森林文书等细节问题。这样就能保证与首脑会议通过的 2015 年后发展议程以及缔约方第二十一届会议的成果完全协调一致。

——制定战略规划并推动协作和参与。

2015 年后坚实有效的森林安排取决于战略规划的制定。这一战略规划，是为了指导 2015 年后（总体规划至 2030 年）的国际安排及其各构成部分的工作并明确工作重点，同时提供一个总体行动框架，以期实现今后安排的各项目标。这个战略规划将被用来指导较短时期内的工作计划和工作方案，还可以进一步加以审议，构成联合国森林署最终设立后的核心基础。

继续鼓励各利益方参与和介入 2015 年后国际森林安排。有效增进与现有区域和次区域组织、进程与机制的联系，以期在可持续森林管理方面为区域合作与协调搭建平台。论坛制定新的愿景和机制，加强利益方对 2015 年后国际森林安排的参与。应超出现有局限（目前仅包括一些主要团体），吸纳更广泛的利益方，例如民间社会、私营部门、地方社区和基金会。

（摘自：联合国森林论坛网站；摘编整理：赵金成、曾以禹、张多）

联合国森林论坛第 11 届会议
加强可持续林业政治承诺

联合国森林论坛第 11 届会议于 5 月 4～15 日举行，会议发布了一份高级别会议部长级宣言和一份关于 2015 年后国际森林安排的会议决议（草案）。决议内容涉及 2015 年后国际森林安排、2015 年后的联合国森林论坛、2015 年后的《联合国森林文书》、融资、监督、评估和报告、国际森林安排和 2015 年后发展议程等方面。

会议强调，超过 16 亿人的生存、生计、工作和增收都依赖于森林，森林提供了一系列产品和服务，解决了许多最紧迫的可持续发展挑战。森林和森林可持续经营为地球上的生命和人类福祉提供了多重效益。森林可持续经营对推动变革性改变和解决主要挑战起到关键作用，包括消除贫困、经济增长和可持续生计、粮食安全和营养、性别平等、文化和精神价值、健康、水资源、能源、应对气候变化、防治荒漠化、减少沙尘暴、保护生物多样性、可持续管理土壤和土地、保护流域和减少灾害风险。会议表示深刻关切许多区域的持续毁林和森林退化，强调应扭转这一趋势。

部长宣言和会议决议反映的要点是"加强国际森林治理框架、加强长期政治承诺、增进森林可持续经营"，这体现在部长宣言和决议文本的多个地方，集中反映在五方面：一是反映在部长们的承诺中。实施森林可持续经营，在国家、次区域、区域和全球层面采取行动，实现全球森林目标；将森林可持续经营纳入到减贫战略、国家可持续发展战略和跨部门政策中，并与其他涉林倡议之间协同履行；强化各国的监督、评估和报告等。二是反映在 2015 年后国际森林安排的目标中。决议提出，加强长期政治承诺，实现 2015 年后国际森林安排的如下目标：推动所有类型森林可持续经营的实施，特别是履行《联合国森林文书》；加强所有类型森林及森林外树木对 2015 年后发展议程做出的贡献等。三是反映在 2015 年后联合国森林论坛的核心职能中。即推动、监督和评估森林可持续经营的实施；加强高级别政治参与，以支持森林可持续经营等。四是反映在新的《联合国森林文书》中。会议决定指出要加强和促进各级对"森林文书"的执行情况，并敦促成员国将《联合国森林文书》作为实施森林可持续经营和 2015 年后发展议程中涉林部分的国家行动和国际合作的框架。五是反映在未来国际森林治理框架的资金和监督、报告中。会议决定将目前的协调机制进程更名为"全球森林资金协调网络"，并推动国家森林融资战略，为实施森林可持续经营调动资源。在监督、评估和报告部分，决定邀请成员国继续监督和评估实施森林可持续经营的进程，并自愿向论坛提交国家进展报告。

（摘自：部长级宣言和会议决议；整理：赵金成、曾以禹、张多；审定：张利明）

联合国粮农组织：加强森林管理　增进保水固土

2015 年 5 月，联合国粮农组织发布两本主题为森林管理对固土和保水作用的报告。一本名为《快速评估森林的保水固土功能的指导》，另一本名为《评估森林保水固土功能的测试方法》。

森林的保护功能是联合国提出的森林可持续经营 7 个目标之一，其中保水固土是最重要贡献之一。树木、森林凋落物和林下植被，通过减少侵蚀和过滤污染物，提供优质水源，并通过减少径流和保障地下水流，缓和洪峰流量。

全球森林资源评估显示，3.3 亿公顷的森林具有较强保护功能，包括水土保持林、沙丘固着林、荒漠化防治及海岸保护林。1990～2010 年，中国大规模人工造林，使具有较强保护功能的森林增加了 0.59 亿公顷（增长 8%）。

森林管理对保水固土至关重要，有效提升水质、排水、雨水径流、用水权利、土地退化、水土流失及流域整体规划问题。森林管理需要森林保水固土方面的可信数据，以制定与水源和土壤相关的目标，并将其并入管理计划和措施中。

报告旨在帮助提高各国进行森林资源评估的能力；为发展中国家制定森林可持续管理（SFM）规划提供依据；提高对于森林保护性功能的认识。提出了收集森林冠层、地表覆盖和土壤侵蚀的可信数据的方法。介绍了尼泊尔、墨西哥和越南的数据分析结果。阐述了四种评估森林管理对于保水固土功能的方法。

（摘译自：联合国粮农组织官网；编译整理：赵金成、曾以禹、张多；审定：张利明）

美国林务局 2015 年加强森林恢复和保护

3 月 24 日，美国农业部副部长 Robert Bonnie 在参议会能源和自然资源委员会作证词陈述，他表示，政府将继续加强森林恢复和管理，但资金投入将更多地从森林管理、休闲和保护工作转向抑火活动。去年，林务局在全国范围内通过合作投资、景观尺度项目和创新方法来实现恢复森林。

● 林务局通过合作性森林景观恢复计划资助了 23 个项目。通过森林景观恢复计划，林务局与合作伙伴在消除火灾威胁方面取得显著进展，5 年的木材蓄积目标超额完成 25%。同时，使 145 万英亩的森林对火灾更具弹性、改善了 133 万英亩野生动物的栖息地，促进了当地经济，每年平均可提供 4360 个工作岗位。

● 林务局在黑山 (Black Hills) 开展了近 20 万英亩的大规模景观项目以恢复黄松林。

● 林务局实施了新农业法案。去年夏天，在政府资助下，林务局监测到受病虫害影响的土地达到 4600 万英亩，且目前在华盛顿州又新增逾 70 万英亩。

● 林务局与自然资源保护局对私人和公共土地开展了 28 个恢复项目。

● 林务局通过森林产品实验室，对林木生物质、木林产品及其他林产品市场进行投资，以支持林产品市场的发展。

这些案例都反映了全国对于恢复森林的需求在日益增加。Bonnie 说："我们在向一个更具合作性的发展方式转变，使林业产业、当地社区和环保组织及其他合作者们与林务局一同开展保护，提高森林应对各种威胁的弹性。"

但 Bonnie 向委员会反映，林务局缺乏抑火活动预算。"我们的火灾季周期比起 30 年前要多出 78 天。火灾规模不断扩大、破坏性不断增强、抑火成本也更加高昂。"1995 年，林务局预算中有 16% 用于抑火活动，而今天，抑火活动所需费用接近年度预算的一半。

多年来林务局不得不将非火灾预算资金，包括休闲、研究、保护及森林管理等项目，转移到抑火活动中。"如果国会将对国家森林开展进一步恢复行动的话，那么我认为最为主要的就是改变我们对于森林火灾的预算。"Bonnie 说。

目前正等待国会通过两党委员会提出的火灾融资计划，这将结束火灾借贷。通过奥马巴总统的预算提案，立法将允许林务局增加流域、土地数量和木材生产。

Bonnie 还认为，对农村学校安全项目的重新授权也相当紧迫，这个项目对符合条件的州和农村地区提供建立公立学校和道路的资金支持，同时提供资金帮助社区实施火灾防护计划、应急搜救补偿和明智防火（firewise）项目。

（摘译自：Under Secretary Highlights Forest Restoration Effort in Testimony before Senate Energy and Natural Resources Committee；编译整理：张多、陈串、申津羽）

美国土地管理局 2016 年工作聚焦四方面

在华盛顿发布的 2016 年财年计划中，奥巴马总统提出向土地管理局（BLM）拨款 12 亿美元。土地管理局运营成本在 2015 年的基础上上浮 9140 万美元。该提议包含一系列战略投资，对一些领域继续给予强有力的资金支持，如保护西部地区的松鸡栖息地、强化国家土地保护、建立土地管理局基金、提高能源生产中的管理水平并发展公共合作关系。

奥巴马总统在 2016 年预算案中，指出土地管理局的工作重心包括四方面：一是为不断增长的能源产业提供支持和现代化管理。过去六年中，土地管理局一直致力于在公共用地上使用清洁能源，批准了许多大规模的可再生能源发电和输电项目。预算案提出向土地管理局投入更多资金：支持租赁场地、办理许可证、检查油田和气井、更新管理规程、对员工进行技术培训。

二是恢复艾草榛鸡栖息地。为保证艾草榛鸡生存延续，维持西部的生命力，土地管理局开展了一项前所未有的生态项目，即更新并加强艾草榛鸡栖息地的管理。2016 年预算对实施艾草榛鸡栖息地保护战略的资金投入为 6000 万美元，相较 2015 年提高了 4500 万美元。这些资金使土地管理局及其合作伙伴可以采取有效措施降低野火威胁、控制入侵植物、改善滨水地区环境。

三是支持国家土地保护项目，以及美国保护体系。预算案为土地管理局管理的国家公有土地保护项目增加拨款 1120 万美元，优先考虑保护区需求，包括为休闲项目和旅游服务提供基础设施。

四是建立基金。总统提出了几点建议，其中包括为土地管理局建立国家特许的非盈利基金。基金通过一些机构筹集私募基金，支持各项工作。运作方式与国家公园基金、国家森林基金类似。

（摘译自：President Proposes ＄1.2 Billion for BLM in Fiscal Year 2016；编译整理：张多、陈串、申津羽）

美国"依法治林"百年演变考察：
时代的背景和历史的经验

美国是西方法律制度比较完备的国家，其林业法治富有特色，精神更被人称道。当今世界鲜有国家会在林业管理方面比美国复杂，多元主体的产权设置、多层次分权的联邦制、多元的社会需求演变、多阶段的森林经营目标演变，对立法、执法都提出了极大挑战。客观展示美国依法治林历史过程，概括、提炼隐含在林业法治制度背后的法治精神，有助于把握法律制度与法律精神统一的美国林业法治，可以通过比较来提高认识，发现并分析目前尚未考虑到的问题。

一、时代的背景

美国森林法的历史，可以追溯到建国前有关木材利用的法律。当时对木材生产进行管制，以满足英国殖民者的统治需要。在独立战争和建国初期，美国森林法进展相对缓慢。

后来的100多年中，美国林业管理重点从居民定居和边疆开发到木材可持续产出和社区稳定，再到生态保护和所有资源综合规划，最后到目前的生态系统可持续管理和景观管理。伴随森林经营主题的演变而发展，美国依法治林的历史，大致可分为四个阶段。

——19世纪末到20世纪20年代，即著名的"进步时代"，为适应工业化、城市化发展需求，依据公私产权分类管理，私有林立法执法以地方为主，国有林集中在分散的联邦政府部门单项法，保障木材供给是依法治林的主要目的，经济因素是主要参考。

这一时代的背景是工业化和城市化，蒸汽机和钢铁大发展。工业占比由1879年的44%上升为1921年的62%[①]，其中重工业产值占比由1880年的30%提高为1921年的46%。1870~1920年，美国城市人口增长了5倍，达到4100万人，占总人口的51.4%。这一时代基于经济发展的木材需求供给，成为森林法特别是私有林法规的主要驱动力。

但同时，工业化、城市化和西部开发导致的资源破坏与环境退化引起社

① 中国科学院经济研究所世界经济研究室.1962.主要资本主义国家经济统计集[M].世界知识出版社

会各阶层的关注和重视。这一时代的另一特征是"进步时代改革",人们反对自由放任资本主义(laissez faire capitalism)的浪费。改革特征是政府干预市场、对公众广泛分配利益、利用效率标准评价项目。保护运动是进步时代改革的一部分,它反对特殊利益、浪费和政府无能。其基本特征是更加注重自然资源、公共土地。生态意识的出现和早期保护主义智者的宣传与推动①,是森林法发展的一大驱动力。其中,两大力量尤为突出:一是流行的旅游文学赞颂户外休闲、西部奇观,新的保护意识出现。1872 年的《黄石公园法》国家公园概念出现,1891 年的《森林储备法》国家森林概念出现,并赋予总统从公共土地上收回森林储备区的权力。二是公民团体的推动力增强。1892 年约翰·缪尔组建的塞拉俱乐部、1901 年的美国风景名胜保护协会、1905 年的奥杜邦全国协会。这些力量与先驱者西奥多·罗斯福总统合力在鹈鹕岛创建了第一个鸟类保护区,并促成 1906 年的《古迹法》。1908 年,召开了第一次全国性的自然资源保护大会。

这一时代的主基调是依据产权分类管理原则,保护公有林和私有林的利益。在公有林方面,出台了多部分散的部门法,取得了较大进展。在私有林方面,总体进展不大,第一个关于私有林监管的广泛讨论实际上从 1917 年才开始,力图在联邦层面建立法律法规。在这段时间内,几乎每一期由美国林业工作者协会刊出的《林业杂志》都会讨论一些私人财产所有者未能很好管理森林的案例。有些提议在议会获得讨论,但所有议会通过的条例法规都未能真正转变成为正式法律。同时,工业化和城市化发展过快造成环境退化,民间社团、生态意识、旅游文学发展,促使立法中增加了生态元素,以约束私权。总的来说,这一阶段经济因素是制定森林法的重要参考之一。

这一时代,依法治林的特征表现在三点:一是主要进展集中在有限领域内分散的部门立法(如公有林、国家公园、鸟类保护、森林遗产),反映出治理需求较弱、治理范围较窄、治理能力不足的时代特征。二是在政治体制上州政府主导森林治理的控制力开始松动,联邦层面的生态保护责任逐渐形成,通过州向联邦逐步让渡生态保护行政权,实现全国依法治林的进步。表现在出台相关专项法案及组织机构法,尝试约束私权,减少无边界的经济发展造成的生态损失。1911 年的《威克斯条例》对森林防火、增加国有林面积,进行了规定。三是社会需求驱动的自下而上的公民团体保护运动促进了依法治理森林。

——20 世纪 20 年代末到 50 年代末,"大萧条"背景下社会风险增多,林业适应稳定经济就业和保护生态的时代需求,加强立法执法,可持续供应木

---

① 付成双. 19 世纪后期美国人环境观念转变的原因探析. 史集学刊,2012(4).

材维持农村稳定，丰富生态保护体系提升治理水平。

20 世纪 30 年代的许多事件让更多的美国人关注林业。当时，大多数的私有林木材资源已被采伐，许多尚未很好更新。另外，多次大火毁坏了公有和私有林地上的木材。那时以可持续提供木材为目标，出台了很多关于私有林经营的管理法规。1937～1949 年，西部 5 个州和东部 10 个州通过了地方性法规，州立法在 20 世纪 50 年代初陆续通过。这些立法主要是针对采伐后更新造林（强制保留母树）问题。

另一方面，大萧条下人们越来越多地关注维持依赖木材的社区稳定。联邦政府在国有林上提供许多发展项目，为失业群体提供就业。狄克逊·韦克特笔下的"尘土盆地"让大家认识到森林的重要性，鼓励作出更强的承诺，支持可持续产出的森林经营。新的法律授权着力改进森林道路、加强森林保护、恢复采伐迹地和烧毁林地。1944 年，国家立法授权建立联邦合作可持续产出单位。这些单位包括农村依赖木材的社区和国有林区之间订立协议，为社区提供木材，这创新了依法治林的治理工具。但后来随着交通和信息系统升级，以及地方经济多样化，这种模式逐渐丧失吸引力。

第二次世界大战后，随着返乡士兵建房需求的增加，木材销售不断增长。在当时，汲取了前期私有林过度采伐的教训，国家更加注重林木资源生长和采伐平衡。当时估测，50 年内国有林的采伐量足够补偿私有林采伐的减少量，这一时段足够私有林生长恢复。尽管当时的平衡观仅仅在森林经营方面，但不久之后，生态学和转变的价值观也接受了这一观点，并逐渐反映到依法治林理念中。在这一时代，联邦除为保护国有林及木材供应而立法外，没有作出更多的规定，而是将更多的治理权下放给了各州。

这一时代依法治林的特征表现在三点：一是适应时代需要，促进美国林业治理体系的初步形成，在立法、执法上更加完善。表现在：①建立了许多专门机构和组织，加强执法和宣传，如建立美国鱼类及野生动物管理局（1940年）、成立民间资源保护队；②出台了生态保护法案，如 1933 年的田纳西河流域管理法、1935 年的土地资源保护法、1936 年的洪水控制法和州水土保持法；③实施了林业生态工程，加强了示范，如田纳西河流整治工程。二是依法治理私有林并开始在州层面形成规章，但各方还未完全达成共识，总体进展不大。如 1945 年，华盛顿州执行了森林经营行为法案，以规范在私有林地上的采伐行为。1947 年，Avery Dexter 因为拒绝法令（禁止他砍伐直径小于 16 英尺的美国黄松），也拒绝申请采伐许可，法案因此禁止其采伐。他坚持，这种没有任何同等补偿的法令是在剥夺他的私有财产权。预审法庭支持了 Dexter，但是华盛顿州高级法院驳回了这一决定，并认为法令符合宪法精神。据此案例看来，当时各方对私有林治理还存在争议，法院进行了反复两次的判决。三是在大萧条的历史条件下，初步形成了基于国家公共利益干预私有林治理的法治理念。

——20 世纪 60 年代至 90 年代中期，适应环境保护运动的潮流，联邦通过立法取得了生态保护和管理的主导权，森林法与行政法的相互影响逐渐加深、环境权对林权的影响不断增加，财政援助法和税法也成为引导和规制森林治理的主要力量。

20 世纪 50 年代，森林立法趋势减弱。但在 50 年代末期，联邦和州层面出台了大量林业法规。1960 年的《多用途持续产出法》提出国有林基于可持续利用的 5 种用途（户外休闲、放牧、木材、流域、野生动物）。1964 年的《荒野法》提出国有林可被指定为荒野地的标准，限制了包括木材采伐在内的未来用途。1968 年的《国家荒野和风景河流法》。同期，许多州制定了私有林地的财产税法规，另一些州制定了关于私有林活动的财政援助法规。

另一方面，森林问题纳入国家环境法决策的地位越来越明显。1962 年蕾切尔·卡森《寂静的春天》敲响了警钟。20 世纪 70 年代以来，美国林业法律发展主要是在联邦和州两级制定环保法规。这些环保法律一般不直接涉及林业本身，但却对公有林和私有林产生了重要影响。在联邦一级，较为著名的有 1970 年的《环境政策法》和《清洁空气法案（修正案）》、1972 年的《清洁水法案》和 1973 年的《濒危物种法案》。在州一级，也制定了相应法律。在此之后，关于林业活动与环境立法之间相互影响的诉讼不断增加，两者相互影响不断加深。这种加深，总的来说有利于提高依法治林在国家生态治理中的地位。

同时，成本分摊法规和税收立法，也对依法治林产生影响。联邦对私有林（非产业投资基金）提供了财政援助和成本分担项目。一些州也制定了类似法规。联邦税收立法在美国森林法中占据特殊地位。20 世纪早期通过的木材所得税法规沿用很多年，并于后来在《国内税收法》作出关于木材和林地的修正案。自 1916 年实施的联邦遗产税，对林地管理产生了显著影响。但直到 1976 年，经历多次修订而形成的具体的木材规定，才成为遗产税立法的一个组成部分。这些法规对森林经营的方向、个体保持拥有森林的规模、林业产业的投资能力，都产生了重大影响。

这一时代依法治林的特征表现在：一是森林法律威慑力的加强。二是森林法与行政法的相互影响逐渐加深。联邦主导生态保护权，同时森林法专业性趋强，越来越依赖行政机关来协助实施。另一方面，行政机关主导了森林法的解释和执行，很多行政机关的管理职能都包含相关内容。由于行政法与森林法密切联系，这一时代的争议主体由施害者和受害者两个个体转变为行政机关与环保组织、工商业集团。三是森林法与环境法的相互影响也在不断加深。森林问题已在国家环境法案中被明确提及，提高了依法治林在国家生态环境治理中的地位。

——20世纪90年代中后期以来，林业全球化、政治化发展，适应社会需求多元化、多功能林业发展、国家对森林GDP贡献依赖度减少、对森林财产权和环境权的认识加深，建立适应森林生态系统经营的法律体系成为历史必然。

1992年以后，森林治理的方向发生了重大转变。伴随联合国环发大会的召开，美国森林规划和管理的重点，从可持续产出木材转向景观实现生态系统的可持续管理。减少木材产出、同等重视经济功能和生态功能已成为共识，主要表现在：①用材林面积的减少。很多用材林被用于荒野地保护区、风景廊道、野生动物栖息地和河流保护缓冲区。②生态系统管理和景观管理。人们更多地强调在一个指定的景观区或流域进行生物多样性保护，这些限制了采伐水平，弱化了林业的经济产出。③对一味追求木材产出的技术进行约束。一些措施正在被限制使用，如除草剂、控制性燃烧，对林道建设和采伐技术也有新限制，这些均弱化了木材产出。④形成了由联邦和各州颁布的制定法，以及由法院判决判例法组成的生态系统管理法律体系。

在这一时代，生态系统管理法律体系并没有经过立法颁布(legislative enactment)过程而成为了美国法律①。1995年，美国林务局发布实施生态系统管理的建议法规。该法规替代当时的法规(1974年的《森林和牧场可再生资源规划法》和1976年修订的《国有森林管理法》)成为国有林规划的依据。生态系统管理法律体系标志着完全以生产或产出为导向的管理时代的结束，预示着森林经营适当(in-place)纳入休闲和美学元素的管理时代的开始。

生态系统管理法律体系是适应社会生产关系重大转变而作出的重大调整。这些社会生产关系转变主要表现在：①适应社会需求的多元化转变。美国每年约有3/4的人口经常到森林或其它自然环境寻求乐趣、游憩，他们成为保护自然的庞大利益群体②。②适应生态文明意识的重大转变。随着生态教育推进，人们对非木材效用的认识逐渐加深，对森林财产权和环境权的认识逐渐完善，森林生态系统持续经营的思想逐渐被普遍接受。③适应国家对林业经济依赖度逐步降低的转变。随着产业结构的丰富和高级化，美国林业的GDP贡献趋于下降，其就业人口虽在增加，但一部分是由于生态服务行业吸纳就业的结果。总的来说，国家对木材的经济利用的依赖度处于下降的历史

① 国际林联. Developments in Forest and Environmental Law Influencing Natural Resource Management and Forestry Practices in the United States of America and Canada, 1997, P193
② 金钟浩等. 美国森林经营思想和法规的演变. 世界林业研究, 1996(3).

趋势。基于这些转变，必然形成适应森林生态系统可持续经营的法律法规。

生态系统管理法律体系强调的是森林应该是什么，以前的法律则强调的是森林应该生产什么，这是从管木材到服务生态、服务民生的一次重大飞跃。

二、历史的经验

如前所述，美国依法治林历史经历了不同的发展阶段，从法院判例到 20 世纪 60 年代以来成文法的体系，政府间关系从地方主导到联邦主导，从经济利用到经济、社会、生态三元并重治理，使得森林法的根基更加深厚。美国依法治林的历史经验，在概念的内涵演变、依法治林理论逻辑和国家生态治理中的运用和发展等方面都有深刻的反映，值得认真总结。

——适应发展观和时代需求的演变，基于国家建设重点，加强林业法律建设计划，提供法治保障，建立了同等重视经济、社会和生态三大基石的完备林业法律体系。

美国依法治林，从 19 世纪末维持木材供应的经济需求，到 20 世纪 30 年代加强木材供给维持社区稳定的社会发展需求，再到 70 年代的生态环境治理需求，以及演进到新世纪的保障可持续发展林业法治体系。适应每个阶段形势的演变，加强林业法律规则提供，满足了社会需要，在治理中积累了完备的法律体系，集中表现为：

一是基于时代精神演变，不断丰富宪法新内涵，及时调整完善林业新法律，建立起经济、社会和生态三大基石组成的林业法治体系。依据美国宪法及其修正案的精神，结合时代需要，通过丰富财产条款、商业条款、征用条款的内涵，赋予联邦享有生态管理权，并最终打破地方主导，实现了联邦主导生态管理的局面。依据国家治理需求的变化，在 19 世纪末构建森林资源经济利用法律体系的基础上，最终实现将生态保护从意识上升为法律，建立起经济、社会和生态组成的林业法治体系。

二是建立了综合性法案、单项法案、地方条例、部门实施细则、操作指南以及国际协议构成的法律法规体系。对于森林这一涉及私人和公共利益复杂关系，涉及经济、社会、生态相互博弈的特殊对象，特别是发展到如今，对林业的社会需求不断增加、不断丰富、更加多元化，美国联邦适应新趋势，并没有仅仅根据一部法律对其进行规范，而是通过多种法律的互补，从多方面构建完备的法律体系(表 1)。

表1　美国联邦层面主要林业法规

制定年份	事件与法规	主要影响
1872	黄石国家公园的建立	宣布黄石地区内的土地赠与和利用不合法 建立第一个"国家公园"，主要用于休憩和科学研究
1876	联邦林业局的成立	联邦林业局隶属于农业部 林业局主要职责是提供研究和咨询服务
1891	在联邦土地上建立的森林保护区	在联邦土地上，指定区域优先用于森林保护
1897	《基本管理法》	总统有权指定联邦土地以建立国家森林 随后建立国家森林网络（主要在西部地区） 森林管理不是为了开发利用，而是为了改善和保护森林以获取优质水源，并为满足美国市民的需求，持续地供应木材
1905	美国林务局的成立	美国林务局隶属于农业部 国家森林的管理职责从内政部移交到农业部 农业部长有权签发国有森林管理条例
1908	因经营国有森林所发生的收入分配	联邦政府须将经营国有森林而产出的收入的25%支付给森林所在州 州政府须将森林收入再投资于公共基础设施，促其发展
1911	为保护水源而进行的土地并购	农业部长有权购买流域保护所需的私人土地，主要是因过度使用而严重退化的美国东部地区的土地（如阿巴拉契亚山脉） 为此发生的预算划拨
1915	授予国家森林使用权	美国林务局可以授予私人国家森林使用权
1920	矿藏探勘	美国林务局可为开矿和油气探勘授予土地使用权
1930	森林使用后的强制性再造林	采伐权所有者在国家森林中采伐后须支付采伐迹地再造林所需的费用
1937	并购土地以保护土壤或控制侵蚀	农业部长有权购买处于边缘地带且受到过度放牧、干旱和侵蚀威胁的私人农田 在联邦土地上指定国家牧地，且由美国林务局管理
1948	《清洁水法案》	如无官方许可，禁止将污染物排入水域 必须坚持官方签署的管理法规和最佳实践（农业和林业）以避免（或至少是减少）因农业地区或采伐迹地的地表径流引起的污染（也叫非点源排放）
1955	《清洁空气法案》	如无许可，不得焚烧农业残余物或木材/采伐残余物
1960	《多用途可持续生产法案》	国家森林管理的5个主要目地：户外休憩、放牧、木材生产、流域保护、鱼和野生动物生境 国家森林的使用仅限于提供可更新的地表资源 指定管理区的面积必须足够大，以保证有效使用，灵活适应 可持续性生产指在生产力不降低的情况下能够长期实现和保证高质量的年度或定期的可更新资源的产出
1964	《荒野法案》	指定国家森林的部分地区作为荒野地区进行特别管理，加以严格保护 禁止在保护区内从事有潜在或明显负面影响的活动，如建筑、使用、机动车行驶及其他活动
1966	《国家历史保存法案》	所有联邦机构必须尊重历史遗迹的地点和结构，并规定在规划制定和管理实施过程当中给予适当的保护
1966	《国家野生生物庇护系统管理法》	建立国家野生动物庇护区

（续）

制定年份	法规	主要影响
1968	《自然与风景河流法案》	禁止堵塞河道和改变主要河流的河堤 应保护法案所指定的河堤沿岸的风景价值和整体环境质量
1970	《国家环境政策法案》	联邦机构在开展任何对人类环境质量有较大影响的联邦工程之前，必须进行环境影响评估 在实施工程前，必须起草《环境影响报告》。如没按要求起草报告，工程有可能遭到起诉，被法院叫停 根据程序，须进行跨部门的磋商，由州政府和地方政府以及相关利益人参加
1973	《濒危物种法案》	无论在公共土地还是私有土地上捕杀或伤害濒危野生动植物都属于刑事犯罪 森林作业必须保护濒危物种的生境
1974	《森林和牧场可更新资源规划法案》	要求进行定期的、以清查为主的评估以及制定长期的使用方案 现状报告和使用方案为规划和行动计划提供信息依据，国会必须根据规划和行动计划划拨预算
1976	《国有森林管理法案》	美国林务局必须根据《土地和资源管理计划》管理国家森林 规划周期为 10～15 年 《土地和资源管理计划》要求定期提交《环境影响报告》 法案对皆伐做出限制 规定了采伐特许权的最高期限 必须以竞标的方式销售木材
1979	《考古资源保护法案》	限制在公共土地上考古发掘，依据此法案进行管理
2000	《农村学校保障和社区自决法》	要求林务局加强对农村社区的支持
2004	《联邦土地休闲加强法案》	规定森林景观建设和管理
2014	新农业法案	完善林务局生产管理承包合同 废除 1978 合作林业援助法案

注：本表主要内容摘自李智勇主编《主要国家森林法比较研究》。

——行政公权力清单的内涵边界不断丰富和调整，越来越强调与基本社会制度和基本价值观的协调发展，优化政府间关系促进林业治理有效发挥功能。

美国是分权的联邦制国家，联邦、州和地方政府具有彼此相互联系的林业事权分配，以及它们对林地利用和生态环境影响活动的规制权。从关系上看，每当发生冲突，联邦法优先于州法令，州法令优先于地方法令。根据国家创始人的设计，联邦政府旨在成为"有限政府"，联邦只拥有宪法授予的"权力清单"，其他权力都归各州。立法理念坚持保护私权的基本原则。

但在最近的几十年，这种政府间林业治理的边界发生了变化。对联邦政府权力在司法上的扩张解释，特别是其依据宪法的商业权力，使其对私有林使用和管理产生更大影响。与此同时，地方政府在协调经济增长和维护生态环境上面临越来越大的压力，使得它们行使林地用途管制的行动越来越多。

"权力清单"变化的根本原因在于政府越来越重视公共利益，越来越重视公众不断增强的环境正义观，越来越重视适应全球化趋势加强国家能力。适应这些制度和价值观的转变，依法治林越来越强调中央与地方的制衡。总的趋势是中央与地方受环境权、行政权相互影响加深的治理关系变化和社会基本价值观的变化，越来越加强联邦的主导治理，提高立法执法的威慑力和全局性，逐步建立起经济、社会、生态三元并重的法治体系。

总之，美国每一个阶段的依法治林都通过自己特有的强制功能，为经济社会发展提供保障。但其百年来之所以有效发挥作用，不仅在于适应时代需求的变迁，还在于与基本社会制度和基本价值观(产权制度、政治体制以及生态文化观、环境正义观等)实现很好的协调发展，有效确保林业发挥功能。

——私有林治理面临私人和公共利益更加复杂的博弈，依法治理越来越强调私人和公共两种利益的双赢，一方面明晰政府公权边界，另一方面有效引导私权方向、规避其损害性利用。

美国建国后对私有林的管理，遵循私法"意思自治，契约自由"的基本原则，公权不能进行干预。美国宪法对私有林治理给予了基本保障，赋予林主足够的信心，宪法第十四条修正案"正当程序"和"平等保护"条款有利于有效制约政府公权，尤其是宪法第五修正案关于征用权的界定，对林业治理至关重要。

但自20世纪30年代，美国出现政府干预主义，主张森林资源不仅仅是个人问题，更涉及全社会的利益，具有公益性[①]。特别是在1992年联合国环发大会后，气候变化、空气污染、水土流失等问题越发突出，森林资源对全人类的公益性越加凸显，基于公共利益对森林进行管理已成为共识。当代林业管理的一大趋势是把私人所有权保护和政府公共利益干预充分结合起来，走向"双赢"的均衡局面。总的趋势主要反映在两方面：

一方面，基于生态治理公共性、系统性的特征，以及治理形势的紧迫性，联邦依据普通法的侵权原则，对私权进行有效约束，实现丰富依法治林内涵，完善林业法治体系的理论创新和政策创新。主要是开展有效治理，确保私有林主做好两方面：一是不对公共利益或私人利益造成妨害；二是可持续利用林地，保持林地处于实质上不受损害(unimpaired)的状态，有利于下一任所有者。如1928年Miller v. Schoene的案子，最高法院支持弗吉尼亚地方法院的判决，要求弗吉尼亚州的雪松拥有者砍掉患腐烂病的雪松，而不支付任何补偿。该法令获得了通过，因为雪松腐烂病虽不会使自身死亡，但在其发展的第二

---

① 崔金星 . 2005. 自然资源保护立法研究

阶段，该病能够传染给方圆两英里内的苹果树并使其死亡。弗吉尼亚州因为苹果的商业重要性而希望能够避免这种悲剧的发生。法院的这一项判例被认为过于苛责，因为雪松树的生长过程通常不会构成滋扰活动，雪松树拥有者显然不需要对树的传染病承担责任。但判决最终被各方认可。正如罗马法格言"即使使用自己的财产也不能损及他人的财产"，已成为生态保护在普通法上的一个基本原则。近几十年来，私有林地所有者，越来越受到联邦、州和地方的影响，私有林经营管理正受到政府不断增强的引导，私有林资源开发利用正受到政府不断增强的制约。

另一方面，政府介入私有林管理的趋势在加深，但其权力也走向规范。对警察权包括搜查、扣押、征用等进行了越来越细致的界定，关注其行为"违宪"的判例越来越多，森林执法越来越受到公众和非政府组织的监督，其基于公共利益的"合法性"越来越严格。环境公益诉讼不断增多，要求建立相关的"公共利益标准"。如《濒危物种法案》中所包含的"特别市民条款"授权市民或团体在政府执法不力时可对政府提起诉讼。

——依法治林的驱动力更多地来自外部社会需求而非林业部门，来自自下而上的变革，兼顾了多方利益也增强了针对性，有利于提升林业地位推进林业改革。

美国公众和社会组织普遍期待森林法律，反映公众对林产品、生态及生态产品不断变化的态度和需求。林业立法的动力越来越多地来自于公众对环境政策、土地政策、税收政策等方面的关注和推动。其中土地法律的演变就是很好的例子。今天对森林经营施加限制是昨天侵权行为导致的后果，更为重要的是，反映出公众认识到，生态在提高我们生活质量中的重要性。森林法条款导致了森林资源利用的紧张，改变了资源利用的随意性，但是，这种紧张和改变，从生态、民生的角度来看是健康的，从长远看，有助于确保子孙后代可持续利用森林资源。

美国森林法演变表明，来自改善环境、集约利用土地等方面的外部需求，社会团体自下而上的变革，帮助建立了瞄准性更佳的森林法，是充分保护和养护森林、可持续利用森林资源的基本要求。随着人们对经济、社会、生态认识的加深，美国在近20多年来丰富森林法的动力越来越强。过去20多年，人们对森林管理政治、社会、生态方面体现出越来越多的关注，提高林业法律框架正在州和联邦层面不断发生。立法和执法者越来越关注社会需求对公有林、私有林的影响以及社区和公众对法律的反应。世界林业发展趋势以及国际社会的政治和社会因素，也受到越来越多的关注。这些都是当前美国依法治林演变的重要变量。

——历史经验还表明，应客观认识依法治林的功能，只有将它摆在国家经济和生态建设中的重要位置并一以贯之抓落实方能收到良效，但也不能因此忽视甚至否定经济、行政的治理功能。

美国百年来依法治林的演变经验，表明国家对森林法的重要性具有深刻认识，它将依法治林摆在国家经济和生态建设中的重要位置并一以贯之，收到了良效。主要表现为：①依法建立国有林、野生动物保护、湿地等政府机构并制定专门组织法；②依法划定清单，明确各林业管理机构的事权和政府间、政府与市场的关系；③适应社会形势需要，根据宪法、行政法等，依法明确公权（特别是越来越凸显的行政权、环境权）和私权的边界，依法规范它们之间的关系；④依据宪法、财政法和税收法，依法制定林业经营手段的专业技术法、林业收入划分的投资基金法等，发挥市场激励作用。这些法律法规，建立了法律保障体系，基本消除了以言代法、有法不依，在林业治理、国家经济社会发展进程中发挥了有效作用。

法律是美国林业治理中极为重要的工具，依法治理为林业改革发展保驾护航，为尽快适应每一个阶段的新形势提供了新动力。但在美国林业治理中，还有很多其他治理形式，也发挥了重要作用，因此，应正确对待依法治林的作用。如美国的民间治理，通过民间约定俗成规则为依法治理提供有益补充。美国林场协会是一个除国有林和林业企业外的私有林主的群众团体，有 5 万多会员，成立于 1941 年。当时美国的私有林在遭到大量的砍伐后不能得到及时更新，一些私有林主发起成立了该林场协会，协会吸纳各类人才，共同出谋划策，帮助合理地经营森林并提供健全的经营模式。林场协会的成员来自各行业，构成一个庞大网络，包括林农、政府工作人员、林业检察官、林业顾问、专家、私营企业家、律师、医生、演员、国会成员。这些会员秉持较高的森林经营标准理念，协会的检查人员按照标准，每 5 年就要检查会员经营的林地。作为政府补充，这种林业治理发挥了重要作用，许多好做法，填补了治理关系中的空白，值得借鉴①。

三、对我国的借鉴

美国经验表明，适应时代需求变化不断修订完善林业法律，规范调整利益关系和林业行为，成为保障林业稳定健康发展、促进经济社会协调发展的必然要求。其百年来逐步积累形成的完备的法律体系，为支持新时代经济社会发展提供了有力保障。当前，"全面深化改革"进入攻坚期、深水区，依法治国方略推进实施，经济全球化、林业政治化深入发展，又适逢我国经济新常态背景，全面加强依法治林工作显得十分紧迫，美国依法治林借鉴意义不

---

① 李怒云. 美国林业 NGO 在林业管理中的作用.

容低估。

一是适应时代需求，瞄准现阶段立法重点提升立法水平。美国发展历史表明，处于不同时代的森林法，基本特点有明显区别，任务和重点各不相同。森林法必须与国家整体发展状况相一致。立法是依法治林的基础。当前，我国应从适应经济新常态、深化改革发展、参与林业全球化的需要出发，根据加强林业生态建设、确保林业产业健康发展、改善林农职工民生、促进林业科技进步等方面面临的突出问题，区分轻重缓急，加快林业法律法规的制定、修改工作。用生态文明思想指导林业立法，重点探索建立健全林业自然资源产权法律制度，制定完善生态补偿法律法规，建立保护国土空间开发的林业法律制度，大幅提高生态违法成本。

二是逐步完善林业法律体系。美国适应社会需求多元化、国家生态治理形势，依据宪法探索建立了重视经济、社会和生态三大基石的完备林业法律体系。我国应以宪法为依据，以统筹兼顾经济、社会和生态三大方面为主导方向，坚持立法、修改、废除等多措并举，逐步完善林业法律体系。特别是要抓紧森林法修改，抓好野生动物保护法、种子法修改，加快《湿地保护条例》，紧紧围绕经济新常态、生态林业、民生林业，在天然林保护、国有林场管理、有害生物防治等方面抓好研究和制定工作。

三是建立健全监督机制，有效约束林业行政公权。美国林业法律对林业相关机构的成立、事权范围和操作程序都有明确规定。从三个环节加强公众参与，增强公权监督：①事前监督。如1976年的《国有森林管理法》规定：修订林业计划必须经历六个步骤，包括对公众公布意图，提供两个可供选择的经过分析的管理方案，征求和考虑公众意见，修改最终选择，作出最后决定等等①。②事中监督。如针对美国林务局长的听证和质询会议。③事后监督。如错案追究、侵权赔偿、行政复议等。以上这三个环节，有效地构成了林业执法行政权的规制链条，有助于保护经营主体的林权。这种有效监督在于多种制度设计上的保障，包括公民环境公益诉讼参与的设计、审计报告的社会监督评价、政府执法的民间社会团体监督。我国应在适用前提下加强借鉴，当前要完善公众参与林业立法机制，探索委托第三方起草林业法律法规草案的方式，积极推行林业行政法律顾问制度。

四是加强林业普法工作，健全普法体系。美国依法治林取得实效的一条重要经验在于切实加强普法工作，公众深度参与取得实效。普法是依法治林的关键环节，普法工作要面向基层、面向群众，要让人民群众对林业法治有切身体验的感知。完善和健全林业法律服务，让群众合理诉求得到及时就地

---

① 张民侠. 森林可持续经营法制保障体系研究.

解决，畅通群众林权保障法律渠道，建立健全人民群众依法维权、利益表达机制。各级领导干部要带头学法、守法，把熟悉相关法律作为领导干部任职资格的重要条件，把掌握相关林业法律作为一些业务岗位的重要任职条件。加强法律知识普及、法律意识教育和生态道德教育，努力促进形成爱林、护林、育林的好风尚。

（分析整理：赵金成、曾以禹、张多；审定：张利明）

新西兰国有林改革方案的比较

20世纪80年代，新西兰推行"公共服务"市场化改革，通过增强市场主体自由化、促进市场投资、减少市场管制等方式，改变了以往公共服务"中央集权管理、公共部门独家包揽，政府完全投资、高补贴"的传统模式，在这一改革大潮中，实施了国有林公司化改革的国家方案，成效显著，但也教训深刻。

一、新西兰林业局的市场化改革

改革之前，新西兰林业采取政府集中管理模式。当时，新西兰林业局雇员7000多人，管理全国国有林350万公顷，其中，60万公顷为人工林。林业局机构臃肿、效率低下、管理成本高，改革呼声强烈，主要有两种：一是林业局长期奉行森林多用途经营理念，实践中将森林的经济功能放在首位，生态功能和社会功能放在从属地位。许多生态组织提出应拆分林业局，建立自

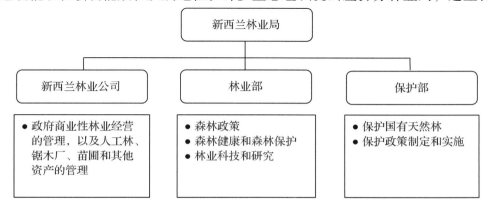

图1 新西兰林业局的市场化改革

然保护区以保护国有天然林。二是政府市场化改革越来越重视林业竞争力。审计署认为，林业局管理的资产价值与账户上显示的资产价值不相一致，债务负担沉重。林业局有效管理森林资源和从事商业活动的能力，受到融资渠道和政府部门分配制度的严重束缚。

基于上述呼声，最终达成的一致意见是：采取两分法，将林业局的商业和非商业职能拆分，并改善财政信息系统和其他管理信息系统，让林业局在有效行使其职能方面更具灵活性。其中商业职能(国有人工林)由林业公司履行，非商业职能(国有天然林)由林业部和保护部履行(图1)。

二、新西兰国有林市场化改革的两种方案

新西兰国有林市场化改革坚持一条基本原则，即商业职能和非商业职能分离(即分类经营)原则。对主要发挥商业功能的国有林(主要是人工林)实施市场化改革，对主要发挥生态和社会功能的国有林(主要是天然林)实施完全保护改革。对于国有林市场化改革，提出了两种方案：

——国有林公司化改革方案(下称方案一)。其改革目标是完全私有化，采取"先公司化，后私有化"的改革路径。成立林业公司作为政府代理人，政府是公司的股东。公司的职责是负责销售人工林，公司内部建立了财产销售团队，专门为未来的买家准备关于国有森林财产主要特征的文件和计划书，并发布了《新西兰国有林销售计划书》。该方案，从根本上改变了政府大包大揽的局面。

——国有林委托经营改革方案(下称方案二)。其思路是循序渐进的"半私有化"，即林业公司作为国有林代理人，法律上赋予其国有林的所有权和管理权，林业公司通过竞争性招标机制将国有林管理权外包给私人公司和私人企业，但公司保留其在重要战略规划和营销方面的职能。

政府最终于1987年启动实施了方案一，当时的背景是新西兰国际市场竞争力下降、政府负债严重、机构臃肿繁冗，基于此，政府否决了方案二，因为虽然该方案循序渐进社会影响小，但不能有效引导、提升和聚集林业市场化投资，不能迅速改变新西兰面临的困境。

三、两种国有林改革方案的比较

(一)两种改革方案的比较

根据改革以后20多年来，有关学者对两种方案的跟踪、评估和比较研究后认为，二者各有利弊。基于当时的国内外形势，选择以经济效益为重，注射"强心针"，提振国家经济的第一种改革方案，无疑是符合历史条件的理性选择。

　　——经济影响。方案一的优势比较突出，通过改革，丰富了产权结构、激发了市场活力、调动了市场主体的能动性。如改革之前外国公司拥有森林的比例很低，改革之后到1996年，外资所拥有的人工林达到了48%。同时，事实证明，各类市场主体对木材加工业的投入较改革之前大大增加。1990~1996年实现了国有林销售额近35亿新元。1987~1992年，政府从包括国有林销售的资产出售中筹集到120亿新元用于偿还政府债务。两大指标(盈利能力大幅提升和林业竞争力大大改善)，证明了选择方案一的正确性(图2和图3)。

　　在经济影响方面，方案二由于产权效能并未完全释放，不利于调动对木材行业投资的积极性，投资水平显著低于采用方案一的水平。

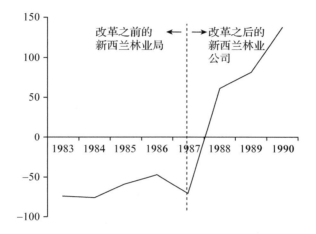

图2　林业盈利能力的变化

图3　林业竞争力的变化

　　——社会影响。从社会影响来看，方案二的优势比较突出，这种方案带来的社会效益，可以使商业性林业机构内部的稳定性和凝聚力都更强，还能降低国有林公司化和私有化所带来的负面社会影响。

事实上，方案一的社会影响虽然难以提供准确的量化研究评价，但其后果不容忽视。从社会稳定来看，完全市场化改革对很多小型乡村林业城镇和社区造成严重破坏，由此带来的社会成本非常高。新西兰失败的地方在于，国有林改革推进速度快，而配套改革推行缓慢，加之事前信息不对称，急剧的变革带来了负面社会影响。从就业来看，解散林业局直接导致一部分人转变行业或失业（表1）。出售人工林后，又使林业公司的部分员工失去了工作，转变为新的私有林主的雇员。

表1 改革前后的就业变化

	新西兰林业局(1986)	新西兰林业公司（1987）
管理职员	1990	662
正式工人	3780	689
合同工人	1300	1419
总数	7070	2770

——生态影响。从生态影响来看，方案一劣势明显，但通过实施配套措施得以扭转。改革后，私有化使重心转移到生产和商业行为上，拉大了私有林与天然保护林在生态保护上的差距。但新西兰通过加强立法、执法和森林经营标准等举措，较好地解决了这一问题，实现了较好的生态效果。1991年引入并在90年代一直实施的《资源管理法》要求所有者和管理者按照可持续方式经营森林，使森林经营标准得到全面提高，特别是在水土保持和生物多样性保护方面。

总之，新西兰选择的市场化改革方案符合当时的形势，经济效益较好，并且通过推进配套改革，较好地实现了生态效益，但在社会影响方面，由于配套改革不足、公众沟通不够，付出了一定的社会代价和社会成本。

（二）实施方案遇到的重大问题

1. 林业公司市场化改革的三大难题

林业公司在改革和经营中遇到了三大难题。

一是行为短期化与国有林经营管理的可持续性问题。改革后新建的林业公司为了尽快显示出比以前国有模式的优越性，过于追求短期效应，影响到公司长期的财务稳定和国有林声誉。如依赖林业公司的锯材厂在锯材产品需求衰退的时候，被林业公司要求承担相应负担而导致破产，也导致林业公司在未来缺乏紧密的市场伙伴，动摇了国有林依存的基础，使国有林经营的可持续性面临挑战。

二是森林资源市场价值核算。林业公司在购买土地和森林资源过程中遇到了两个问题：未来20年森林和木材的价格问题；公平公正的折现率。评估上出现任何小的瑕疵，都会导致公司背上沉重的负担，或者导致国有资产被低估。当时评估的主要缺陷是，没有建立森林资源的市场价格机制，同时也缺少一个竞争方投标，让森林资源的价格更公正、更公平。基于这一点，政府最后保有林地的所有权，仅赋予公司木材资源的所有权和租赁权。承租期确定为60年（大约是两代辐射松的轮伐期），目的是鼓励采伐后再造林。

三是林业公司自主经营与公共问责问题。国会主要是基于公司提供的声明来监测和评估林业公司的绩效，林业公司在没有政府干预的情况下，自主设计公司发展战略。而股份持有者一般都不参与公司的具体经营活动。因此，尽管政府持有股份，但并未就林业公司的公共问责进行具体的界定和介入。在改革前，国会负责询问选民的代理人可以直接质询林业局，而改革后，他必须通过总经理才能质询具体的森林管理人。还有一个问题是，因政府部门是纳税人供养，公众可以要求政府部门透明化，可以下载拷贝相关资料，但林业公司自主经营，对林业公司很难做到这样的要求。因此，如何问责？在操作中存在较大难度。

2. 执行天然林保护职能的保护部遇到的难题

保护部的职责主要是保护天然林、生态旅游、教育、放牧、管理国家公园和保护区。保护部运行中遇到的最大难题是土地分配问题。改革中确定的土地分配原则是：生产功能大于保护功能的划归为林业公司，保护功能大于生产功能的划归为保护部。这样，人工林基本划归林业公司，天然林基本划归为保护部。

但操作中，土地分配出现了三个问题。

一是林地分配的边界模糊。由于划分林地的基本原则是从纯理论角度出发，操作性不强，林地边界划分模糊。一些天然林因已被纳入林业局早期制定的长期采伐计划，而被划归林业公司。其他一些外来引种和本土原生林混交的森林，也被划归了林业公司。最终，边界划分较为模糊。生态保护者提交许多地图，显示划界出现的大量错误。迫使政府不得不调整林地分配计划。

二是林地保护的激励不足。有人士指出，因为保护部并没有因获得土地支付相关成本，并没有激励因素管好土地。

三是优势林地的利益纷争突出。在西部和南部，关于天然林林地分配的争端十分激烈。在西部，政府相关部长亲自出面，调解了林地分配问题，最后的方案是保持天然林供给当地木材厂，直到人工林培育能够足够保证木材加工利用，方可划归保护部。在南部，为了维持加工厂的生存，将少部分天然林划归林业公司。西部和南部的林地分配问题，各方之间争议与冲突较大。因国内木材产业萧条和新元汇率下降受影响的社区，认为保护部并没有认真考虑到森林保护的人力成本。而保护部认为，应尽快消灭木材产业，加快保护天然林。另一个优势林地利益纷争比较突出的敏感区域是河流流域地区。按照建立保护部的法案，河流沿岸应属于保护部。

四、新西兰国有林市场化改革的经验和教训

新西兰人口少、面积小、主要依赖农林业，其实施国有林改革的国情和背景，与我国有较大不同，主要体现在：新西兰的天然林区大多都是无人区，对天然林资源的依赖程度较低；其实施国有林改革的重要基础是，大规模的人工林种植初具规模，并很好地成为了天然林的替代品。但新西兰国有林改革，依然提供了一些值得借鉴的经验和教训。

（一）新西兰国有林市场化改革的成功经验

新西兰按照分类经营的思路实施国有林改革，在森林按照天然林和商品林完成技术分类的同时，同步实施林业机构市场化改革和政策调整，政府的角色发生了根本性转变，包括逐步放弃国家对造林的管理和经营，舍弃掉以前针对采伐国有林的一系列措施，构建新的国有天然林和人工林政策框架。

经过 1987 年的变化，政府开始制定天然林和人工林政策体系，包括保护天然林立法、人工林集约经营、使用乡土树种再造林提高天然林面积、人工林发展基金等。其天然林政策主要包括：一是垂直管理，保护部内设天然林保护局负责全国国有天然林的监督和管理；二是中央财政负担经费，保护部是国家管理部门，所需经费完全由中央财政解决；三是依法保护，主要法规见表 2，如 1991 年的资源管理法案（RMA），通过区域规划实施天然林木材采伐限制；四是执行战略规划，政府通过生物多样性战略来提高和扩大关键的自然栖息地（包括天然林）的质量、面积、可观赏性。

表 2　适用于新西兰天然林的立法

土地使用权范畴	适用法律
保护区	保护法，资源管理法，储备法，国家公园法，野生动物保护法，野生动物管理法
国有天然林	资源管理法，国有企业法
私有天然林	森林法，资源管理法，生物安全法案

人工林政策主要包括：一是加强市场基金支持，如 1990 年建立起森林遗产基金（后更名为自然遗产基金）和 Nga Whenua Rahui 组织，这些基金为私有林订立契约或购买提供保障；二是重视科学研究，从种苗准备、适地造林、经营管理到加工利用，十分重视林业技术创新和科研成果转化工作；三是大规模引进和培育适宜的树种，从美国加利福尼亚引进了辐射松；四是采取积极的税收财政政策，包括取消农业补贴，鼓励农民退耕造林；恢复税收减免，引发造林高潮；单设林业鼓励贷款，加大财政信贷支持力度；五是促进人工

林可持续经营，《森林法》、《资源管理法》等要求推进人工林可持续经营，还制定了《可持续发展行动计划》；六是重视林业产权激励。在国有人工林私有化过程中，国家把人工林卖给企业，并颁发许可证（即林权证），做到林权清晰、自由转让。获得林权的公司可长期使用，产权可以保持70年。

（二）新西兰国有林市场化改革的教训

新西兰林业改革上的教训也值得借鉴和吸取。

一是虽然契合当时提振国家经济的完全私有化改革大趋势，但在社会层面和生态影响层面，缺乏相关的立法、政策、标准等配套改革，导致森林可持续经营法律保障不足，森林资源市场化价值核算、林地划拨分配的利益争端，市场化改革后经营主体行为短期化，以及公共问责难实施等问题，导致国有林市场化改革的成效并不令人满意。

二是多用途经营向分类经营转化（商业性林业和非商业性林业）是新西兰林业的改革思路，但能否成为一劳永逸或放之四海而皆准的解决方案，有待历史的验证。从短期来看，市场化改革通过产权激励释放效能，可以迅速影响到林木种植速率、木材总产量、林业产业市场化投资以及进出口。但长远来看，商业性林业发展的主要因素取决于税收环境和条件、汇率变动、林业的整体投资回报率和其他成本等方面，只有外部市场环境的改变才会使商业性林业"脱胎换骨"。因此，国有林市场化改革应摆在国家市场化改革的大框架下，步调一致，才能激发活力。

三是在设计重大的国有林市场化改革方案时，让公众知情至关重要。新西兰20世纪80年代和90年代政府进行的改革，几乎没有进行公开辩论或者征求公众意见，最后导致实施规划不足，难以应对改革所带来的社会影响。最终社会成本远高于所需的成本，很多人对改革表现出极大不满。

四是尽量避免陷入"按下葫芦浮起瓢"困境。一方面虽然削减了"行政成本"，但却承担了较高的"社会成本"。事实证明，新西兰改革后成本并未有效减少。立法、培训、标准制定等后期改革，长期遗留的后果是林业运行成本逐步上升，特别是在引入《资源管理法》（1991）、《雇佣关系法》（1999）、《职业安全法》（1992）等以后，这些附加成本超过了日益上涨的能源成本和新西兰元走强的成本以及日益上涨的海上运输成本，给林业行业带来了重要影响。

（来源：1.联合国粮农组织关于新西兰林业改革的相关文献；2.杨继平.新西兰林业分类经营考察报告；整理分析：赵金成、曾以禹、张多、何静；审定：张利明、沈月琴）

第四节

增进绿色惠民

联合国可持续发展峰会概况

9月25~27日，联合国召开发展问题特别峰会，评估千年发展目标落实情况，并制定未来15年全球发展议程（即2030年可持续发展议程）。该议程以千年发展目标为基础，针对当前正在转型的国际政治经济格局和国际发展合作新形势，在发展理念、涵盖领域、适用对象和实施手段等方面，进行了升华和拓展。它强调经济、社会和生态三位一体平衡发展。抛弃了片面追求经济增长的传统模式，转向实现"不落下任何一个人"的包容性发展和"让地球治愈创伤和得到呵护"的绿色发展。这次会议，反映出各方对未来可持续发展秉持的基本原则，体现了国际社会维护可持续发展的基本理念，展示了可持续发展的宏大前景，对于从国际、国家和地区层面确立新的可持续发展战略，都具有重要指导意义，开启了迈向可持续发展的新起点。

一、峰会概况

峰会在联合国总部举行，150多位国家元首和政府首脑齐聚一堂，通过成果文件《改变我们的世界：2030年可持续发展议程》（*Transforming Our World：The* 2030 *Agenda for Sustainable Development*）。

这是一份由联合国193个会员国共同达成，包括17项可持续发展目标和169项具体目标的纲领性文件。"它是一份结束贫穷、为所有人创建有尊严的生活、不落下任何一个人的路线图。"联合国秘书长潘基文表示，文件呼吁世界各国在人类、地球、繁荣、和平、伙伴这5大领域采取行动。

2015年是联合国于2000年设立的实现千年发展目标的终止年。过去15年，千年发展目标帮助百万人摆脱贫穷，证明了设立目标的有效性。新设立的17项可持续发展目标将在未来15年内，构建促进可持续发展的三大支撑元素：经济发展、社会进步和生态改善。

二、峰会成果

《改变我们的世界：2030年可持续发展议程》(终版草案)从内容上看，未来15年可持续发展涉及经济发展、社会进步和生态改善三个方面，三位一体、缺一不可；从适用范围看，它适用于世界上所有国家；从制订过程来看，所有会员国都参与了讨论，拥有一个非常雄厚的、坚实的基础。

过去，只关注经济发展而忽略了生态保护和社会公正，这不是全面平衡的发展。现在，全世界都认识到，为了子孙后代，为了地球，必须走可持续发展道路。文件内容可以归结为五大类，即人、地球、繁荣、和平和合作伙伴。具体涉及消除贫困、消除饥饿、保障受教育权利、促进男女平等、促进就业、应对气候变化、保护海洋资源、保护陆地生态系统、减少暴力、加强可持续发展全球伙伴关系等。

三、2030年可持续发展的新特点

峰会及其成果反映出2030年可持续发展主要有以下四个突出特点：一是发展内涵更加丰富。未来15年可持续发展从传统的减少贫困、防治艾滋病等领域，大幅增加生态系统保护、应对气候变化等目标。二是体现了更高远的雄心水平。在多个领域设定了比千年发展目标更高更具体的目标，也对各国的后续落实工作提出严格要求。三是覆盖了更广泛国家。千年发展目标旨在保障民众的基本生存和发展需求，主要面向发展中国家。2030年可持续发展议程兼顾"兜底"和"前瞻"功能，不少领域的目标设定标准较高，面向所有国家执行。四是更加强调跟进和审查。2030年可持续发展议程要求建立国别、区域和全球三个层面的落实框架，监督落实进程，并赋予联合国更大监督职能，全面强化了后续工作。

(摘自：1. 人民网；2. 李保东，中外专家解读：联合国发展峰会成果文件决议；3. 吴红波：2030年可持续发展议程具有划时代意义。整理：赵金成、曾以禹、张多)

联合国可持续发展峰会：政府、
国际组织和媒体的评说

就本次峰会及可持续发展，各方发表了看法，择其要点，摘录编译整理如下：

——中国国家主席习近平 9 月 26 日出席在纽约举行的联合国成立 70 周年系列峰会，并在联合国总部发表演讲。习近平主席指出，我们要追求全面的发展，让发展基础更加坚实。发展的最终目的是为了人民，在消除贫困、保障民生的同时，要维护社会公平正义，保障人人享有发展机遇、享有发展成果。要努力实现经济、社会、环境协调发展。实现人与社会、人与自然的和谐相处。习近平主席 9 月 28 日在纽约联合国总部出席第 70 届联合国大会一般性辩论并发表重要讲话指出，我们要构筑尊崇自然、绿色发展的生态体系。人类可以利用自然、改造自然，但归根结底是自然的一部分，必须呵护自然，不能凌驾于自然之上。我们要解决好工业文明带来的矛盾，以人与自然和谐相处为目标，实现世界的可持续发展和人的全面发展。建设生态文明关乎人类未来。国际社会应该携手同行，共谋全球生态文明建设之路，牢固树立尊重自然、顺应自然、保护自然的意识，坚持走绿色、低碳、循环、可持续发展之路。

——美国总统奥巴马 9 月 27 日在联合国大会堂发表演讲，他表示，制订"可持续发展议程"并非"慈善活动"，而是人类为未来所做出的明智投资。尽管过去 15 年，国际社会通过史无前例的努力取得了将饥饿人口减半等一系列重大成就，但未来的发展工作依然"任重而道远"，各国必须致力于落实"2030 年可持续发展纲领"，通过发展有效化解困扰当今世界的复杂难题。

——联合国秘书长潘基文表示："2030 年可持续发展议程包含了全人类对过上更有尊严的生活以及保护赖以生存的家园的普遍期待。它同时也显示出会员国齐心协力所能取得的成就。"

——世界自然基金会主席 Yolanda Kakabadse 说，这份成果文件将可持续和生态系统摆在了核心位置（the centre of the plan）。对于大多数极端贫困群体来说，他们依赖自然资源维持生计，2030 年可持续发展及其 17 项发展目标，帮助各国保护海洋、淡水和森林，有利于改善生计。这是一份比我们预期更好的文件，能够显著改善人和生态系统。这份文件关切生存和繁荣，通过将自然生态系统摆在支持人类福祉的核心，将确保世界各地的人们生活得更加幸福、更加健康、更加繁荣和充满希望。为了实现这些目标，决策者必须表现出他们的行动，通过后续跟进和审查使他们的努力透明化。

——世界自然保护联盟官网 9 月 26 日发布文章"庆祝新的可持续发展议程"指出，这是生态保护的新时代，今天，国际社会认识到，生态与经济和社会同等重要，都是可持续发展不可或缺的要素。我们的努力最终通过"自然生态系统被纳入 17 项可持续发展目标，承认自然生态系统是支撑人类福祉的基石"这一事实得到了证实。健康的地球生态系统至关重要，为我们提供了食物、空气、水，为不断增长的人口提供"兜底"功能（underpinning），破坏生态系统将危及我们的生存。我们必须认识到，自然和自然基础设施对可持续发展和人类福祉至关重要。

——《华尔街日报》9 月 27 日消息《世界领导人制定可持续发展目标》（*World Leaders Tackle Development Goals*）说，世界领导人于本周末就支持可持续发展的关键领域取得一致意见，制定了可持续发展目标，这些领域包括消除贫困和应对气候变化，以促进人类和地球生态系统可持续发展。并强调要加强对可持续发展目标实施的监督和问责，认为尽管制定了目标，但这些目标并不具有法律约束力，并没有建立适合的制度和体系对不履责的国家进行问责。

——《纽约时报》9 月 25 日消息《联合国可持续发展目标的突破》（*Breakdown of U. N. Sustainable Development Goals*）说，新制定的可持续发展目标更加雄心勃勃（ambitious），并适用于所有国家（apply to every country）而不仅仅限于发展中国家。同时 17 项目标包含 169 个具体目标，表明目标实施更加具体细致（in concrete ways），尤其是目标 15"可持续管理森林，治理荒漠化，减少和扭转土地退化，停止生物多样性损失"（原文是 Sustainably manage forests, combat desertification, halt and reverse land degradation, halt biodiversity loss）关切林业。

（整理：赵金成、曾以禹、张多；审定：张利明）

联合国可持续发展峰会解读：适应世界可持续发展新形势　谱写中国林业发展新篇章

可持续发展峰会及其成果文件反映出国际社会经过多年实践，对可持续发展形成的国际共识，即促进"经济发展、社会进步和生态改善的三位一体可持续发展观"。设定生态保护目标加强生态文明建设，是本次峰会举世瞩目和历史性的重要突破。这一新趋势，为我国林业发展带来了良好机遇，同时带来了挑战。

一、可持续发展更加重视生态保护促进全面平衡发展

峰会成果文件单独设置生态系统保护目标，反映出国际社会同步推进可持续发展"经济发展、社会进步和生态改善"三大领域。千年发展目标对全面保护生态没有明确、单独的目标。2030 年可持续发展发生重大转变，将生态保护列为五个支撑可持续发展的要素之一（见文本框 1）。并在实现可持续发展的 17 项目标中单独设置目标 15，以加强生态保护，促进全面平衡发展。这说明，成果文件反映出国际社会重点关注三大领域协调：经济发展、社会进步和生态改善。

文本框 1

可持续发展峰会成果文件提出包含"地球生态系统"在内的五大支撑要素

将在未来 15 年内针对最重要的 5 个关键领域开展行动：人类、地球、繁荣、和平和合作。

一是人类。消除一切贫困与饥饿，确保所有人能够平等和有尊严地在一个健康的环境中施展自己的潜能。

二是地球生态系统。保护地球免遭退化，途径包括以可持续的方式进行消费和生产及管理地球的自然资源，并在气候变化问题上紧急采取行动，使地球能满足今世后代需求。

三是繁荣。确保所有人都能过上优裕和充实的生活，实现与大自然保持和谐的经济、社会和技术进步。

四是和平。决心推动创建没有恐惧与暴力的和平、公正和包容的社会。没有和平，就没有可持续发展；没有可持续发展，就没有和平。

五是伙伴关系。恢复全球可持续发展伙伴关系的活力，尤其注重满足最贫困、最弱势群体的需求。

峰会及成果文件提出全面保护陆地生态系统目标，反映出国际社会更加重视陆地生态系统的全面、系统和完整保护。未来 15 年可持续发展强调保护大气、海洋和陆地生态系统，实现对陆地和海洋生态系统以及土地利用的可持续管理。尤其是成果文件提出的目标 15，涵盖了构筑陆地生态系统的森林、湿地、荒漠、生物多样性、山区、陆地和内陆的淡水等系统，反映出国际社会呼吁全面、系统、完整保护陆地生态系统的重大关切。成果文件将保护、恢复和促进可持续利用陆地生态系统，特别是可持续管理森林、防治荒漠化、制止和扭转土地退化、遏制生物多样性丧失，作为衡量可持续发展的重要目标。在我国，林业部门承担"建设和保护森林生态系统、管理和恢复湿地生态系统、改善和治理荒漠生态系统、维护和发展生物多样性"的职能，覆盖 63% 国土，承担着陆地生态系统保护和恢复的主体任务，基本完整反映在目标 15 生态系统保护目标的框架下。

峰会成果文件明确提出生态保护目标的跟进和审查，反映出国际社会更加重视生态保护目标的落实。2030 年可持续发展及其目标强调广泛参与、认同一致、执行落实，在执行手段和议程落实方面都给出了详尽的具体方案，

特别是在资金渠道、目标进展审查、评估监测方面提出了要求，鼓励变革与创新，以更利于目标的操作实施。如成果文件提出，"承诺系统地跟进和审查本议程今后 15 年的执行情况。将采用一套全球指标来跟进和审查 17 项目标和具体指标。"

二、可持续发展更加重视生态保护具有深刻背景

2030 年可持续发展提出"经济发展、社会进步和生态改善的三位一体可持续发展观"，将生态提升为与经济、社会发展同等重要地位，究其原因：

第一，要实现既定千年发展目标仍需更多努力，发展的不平衡问题依然十分突出。从全球看，极度贫困人口已减半，但许多国家生态可持续性继续受到严重威胁。从林业看，在森林目标方面，我国完成情况很好，并对减缓世界森林资源破坏做出重大贡献，但依然存在一些问题。《中国实施千年发展目标进展情况报告》指出，工业化和城市化对森林经营和生态保护的压力不断加大。具有较高价值的野生植物种群仍未扭转下降趋势，没有达到预期结果。

第二，新的生态危机，以及其他重大因素如气候变化带来重大挑战，危及到人类的生存。本次大会成果文件指出，"自然资源的枯竭和生态退化产生的不利影响，包括荒漠化、干旱、土地退化、淡水资源缺乏和生物多样性丧失，使人类面临的各种挑战不断增加和日益严重。"过去几十年，人类利用和改变生态系统的速度和规模过快，出现了森林锐减、土地荒漠化、湿地退化、物种灭绝等生态危机。全球森林已减少 50%，荒漠化土地占地球陆地总面积的 1/4，不解决当前面临的生态问题，就不能确保实现可持续发展。

第三，本次联合国发展峰会讨论发展问题，是在 2008 年以来世界面临严重金融危机、各国经济增长乏力的大背景下，认识到发展不仅仅是一个国家的问题，而是一个世界性问题；不是单一领域的发展，而是全面广覆盖的发展；不是沿袭老的工业化、污染破坏发展模式，而是走向新型工业化的发展。特别是"Rio + 20 峰会"以来，国际社会更加认识到，随着人口增长和生活水平提高，如果按照传统发展模式，人类的物质需求将逼近自然生态系统的承载极限，其发生不可逆灾变的可能性增加。

面对这样的形势，唯有将保护生态提升到与经济和社会发展问题同等重要地位，走更加包容、更加全面、尊重自然的发展道路，才能真正实现可持续发展。

三、适应可持续发展新形势，林业面临机遇和挑战

可持续发展重视生态建设和保护的新动向，为我国林业发展带来重要机遇：

一是展现大国全面平衡发展成就、维护国家利益的新舞台。未来可持续发展关于生态保护的趋势，与我国建设生态文明的内涵吻合。其生态保护目标，为未来15年各国展现发展成就提供竞争舞台。国际社会要求将生态保护纳入国家可持续发展框架，将生态保护目标纳入发展目标，体现出为了可持续发展，维护基本生存空间、保护自然本底的国际共识。过去15年，我国林业生态建设取得了举世瞩目的成就，成为全球森林面积增长最快最多的国家，民众享有的生态福祉持续增加。未来15年，我国将依据提出的发展目标，将生态保护纳入国家发展框架，树立抓好生态改善民生的新发展观，主动调整国内发展战略，全面落实有关生态目标，展示大国生态建设新成就，彰显国家生态文明意志。

二是赋予林业增强生态保护和修复行动的新途径新动力。2020年，是我国全面建成小康社会的关键时期，也是林业发展转型的重要战略机遇期，还是实现联合国可持续发展目标的重要时间节点。依据联合国生态保护目标，明确今后我国生态建设的总体方略和行动纲领，林业主动而为制定相关战略和行动，充分发挥我国在防沙治沙、森林经营、植树造林、生物多样性保护等方面的优势，有利于促进生态文明建设。也为我国林业落实和实现新时期国家生态战略、增进人民生态福祉提供了新途径。同时，联合国生态保护目标，从高位推动、从目标入手、以制度约束，聚焦生态，有利于林业贯彻落实中央要求，有利于我国建立起相关生态文明制度体系。

三是未来设立可量化、可衡量与可监测的生态保护目标，以及具体的行动计划与领域，有利于推动我国林业生态保护事业。本次大会成果文件设定的生态保护计划，包括海洋、水、生物多样性、森林、湿地和荒漠等多个领域。设立可量化、可衡量与可监测的生态保护目标，虽然可能为我国未来经济发展带来一定约束，但是更加强调生态保护，与我国十八大提出的社会主义事业"五位一体"战略总布局，与实施以生态修复和建设为主的新时期林业战略，趋向吻合。林业借助这一抓手，结合国家发展战略，将生态保护目标分解、融入和落实到国家战略规划中，把具体领域的行动计划落实到国内的实际工作中，以外促内，通过整体、完整、充分落实联合国可持续发展生态保护目标，加强执行和监测，更好维护国家生态安全。

四是传播中国林业生态保护经验积极参与国际规则制定。从国际来看，落实新议程及其提出的生态目标，呼唤新治理、新思路、新机制，我国林业生态建设成就和经验为其他国家未来15年实现生态保护目标提供实践模板，也为将更多的"中国元素"纳入国际生态规则打下坚实基础。

值得指出的是，未来可持续发展更加强调共同分担责任、加强变革和治理、全球普适性等新动向，将会对我国林业带来挑战：一是更加强调共同分担责任，对林业实施能力和履行国际公约带来挑战；二是更加突出变革和治理，对国家生态管理机构设置和治理能力带来挑战；三是更加注重国内资金的主体作用，对我国供资能力和资金来源带来挑战。

（编译整理：赵金成、曾以禹、张多；审定：张利明）

世界林业大会成果：规划林业发展愿景建言可持续发展和气候变化

9月7～11日，第14届世界林业大会在南非德班召开，来自142个国家和地区的近4000名代表（包括近30名各国部长级高官）出席了大会。会议主题是"森林与人类：为可持续的未来而投资"，聚焦六个分主题：森林促进经济社会发展和保障食品安全；森林抗灾减灾功能；统筹安排森林及其他土地利用；鼓励林产品创新和可持续贸易；加强森林监测；加强能力建设改善森林治理。会议认识到森林"不仅仅是树木"，更能在消除贫困、改善生计和应对气候变化方面发挥巨大的决定性作用。形成了如下四项成果：

——通过《德班宣言》规划未来林业发展

《德班宣言》就2050年林业状况制定了远景，指出，未来森林将是确保粮食安全和改善生计的"基石"（fundamental）。一方面要统筹安排森林及其他土地利用，从根本上解决毁林动因；另一方面要加强森林可持续经营，应对气候变化，优化碳吸收和储存，提升生态服务能力。

提出了一系列行动，包括加大对森林教育、宣传交流、研究和创造就业机会（尤其年轻人）的投资。

强调有必要在森林、农业、金融、能源、水和其他部门之间建立新的伙伴关系，并与原住民和当地社区密切合作。

——向联合国提交关于可持续发展峰会的信息

大会在向联合国提交的信息中强调，森林对实现17项可持续发展目标至关重要，虽然仅目标15直接涉及森林，但林业对于实现另外其他16项目标同样重要，特别是消除贫困、粮食安全、促进可持续发展、确保人人享有可持续能源。

——向联合国气候公约缔约方大会提交信息

大会认为，气候变化给地球、森林和以林为生的人造成严重威胁。然而，各国应对气候变化也为森林提供新机遇，如提供额外融资和加强对森林治理的政治支持。会议提出建议，包括提高政府和其他利益相关方对气候变化带来的挑战和机遇的认识。

——"国际森林与水"五年行动计划

大会启动了"国际森林与水"五年行动计划，旨在承认森林在维持世界大部分可用淡水循环中的积极作用，并加强和确保对世界最大淡水来源的适当管理。

（整理：赵金成、曾以禹、张多；审定：张利明）

世界林业大会：政府、国际组织和媒体的评说

对本次大会，各方发表了观点，现择要编译整理如下：

——联合国官网 9 月 11 日发布题为"森林：实现未来可持续发展目标的基石"（Forests of the Future Fundamental to Achieving Sustainable Development Goals）的文章。指出，"会议强调，森林对实现 17 项可持续发展目标至关重要，尤其是目标 15 直接关系林业，该目标同样有助于实现其他可持续发展目标，包括消除贫困、粮食安全、促进可持续农业和可持续能源等。"

——Tom Tidwell（美国林务局局长）指出，应加大林业投资，通过有效沟通让大家更多地认识到森林在提供林产品之外的功能，包括通过更多研究认识到森林提供生态服务的经济价值。同时强调，森林恢复是投资领域高回报（example of high returns）的典范。

——Jo Goodhew（新西兰初级产业部副部长）指出，"目前趋势表明，对合法性和可持续性林产品的社会需求越来越旺盛，这赐予新西兰可持续林业一个极好的发展机遇。我们要将新西兰高效可持续经营天然林和人工林的理念向全世界传播。"同时强调，森林是文化瑰宝应当为后代保存下来，呼吁跨部门合作应对可持续发展面临的挑战。

——世界自然基金会指出，"世界自然基金会欢迎《德班宣言》，本次大会无数事例表明，森林在实现可持续发展目标中扮演重要角色。林业已经跳出'仅仅是木材'（wooden box）的狭隘发展观，为城乡居民提供多种效益。应当提出负责任的林业管理改革方案和多元解决方案，以促进林业释放多功能潜力，为人类发展和应对气候变化提供解决之道。"

——《世界日报》9 月 12 日讯，据联合国粮农组织称，自 2010 年以来，缅甸森林以每年高达 54.6 万公顷的速度在锐减，五年来损失面积已超过 280

万公顷；每年森林面积减少约 2%，5 年来已减少 8.5%，年毁林率高居全球第三，仅次于巴西和印度尼西亚（见表 1）。专家认为，如此庞大的森林损失将导致该国更易出现极端天气，如洪水、干旱等自然灾害。

表 1　年度森林面积减少最多的国家（2010～2015 年）

	国家	年度林地损失	
		面积（万公顷）	占 2010 年林地面积的百分比（%）
1	巴西	98.4	0.2
2	印度尼西亚	68.4	0.7
3	缅甸	54.6	1.7
4	尼日利亚	41.0	4.5
5	坦桑尼亚	37.2	0.8
6	巴拉圭	32.5	1.9
7	津巴布韦	31.2	2.0
8	刚果民主共和国	31.1	0.2
9	阿根廷	29.7	1.0
10	委内瑞拉（玻利瓦尔共和国）	28.9	0.5

数据来源：联合国《2015 年全球森林资源评估》。

——联合国《2015 年全球森林资源评估》指出，受多种因素影响，过去 25 年里，全球森林面积从 41 亿公顷变成 39.99 亿公顷，减少了 3.1%。幸运的是，2010～2015 年，林地变化显示出积极的态势：天然林消失率减少。中国成为全球森林面积增长最快的国家（见表 2）。

表 2　年度森林面积增长最多的国家（2010～2015 年）

	国家	年度林地损失	
		面积（万公顷）	占 2010 年林地面积的百分比（%）
1	中国	154.2	0.8
2	澳大利亚	30.8	0.2
3	智利	30.1	1.9
4	美国	27.5	0.1
5	菲律宾	24.0	3.5
6	加蓬	20.0	0.9
7	老挝	18.9	1.1
8	印度	17.8	0.3
9	越南	12.9	0.9
10	法国	11.3	0.7

数据来源：联合国《2015 年全球森林资源评估》。

（编译整理：赵金成、曾以禹、张多；审定：张利明）

世界林业大会解读：体现国际社会"投资森林维护人类和未来可持续发展"的新理念

至今，世界林业大会共举办了 14 届，会议主题从聚焦林业的产品生产和经济服务功能，演变为林业的经济功能和社会功能，再丰富为林业的多种功能并重。本次大会倡导森林的多功能性，投资林业维护人类可持续发展，十分关切林业的产品生产、生态服务、经济社会和文化休闲等多种功能（见表1），反映国际社会的林业发展共识，并将越来越多地在国际议程、国家战略、政府决策和规划中得到落实。

一、对投资森林维护人类和可持续发展的认识更加深刻全面

当前全球化愈来愈表现为社会经济需求多元化和各国经济分化等时代特征，林业对促进政治、经济、社会各方面问题的解决具有积极作用，使其日益成为国际社会关注的焦点和依赖的基础。

森林是维护人类生存和可持续发展的重要基础。会议指出，森林是确保粮食安全和改善生计的"基石"；在目前形成的"联合国 2015 年后发展议程 17 项可持续发展目标"中，目标 15 直接关于森林及其他生态系统，其他 16 项目标的实现都依赖森林，森林是确保实现可持续发展的重要基础。会议发布的《2015 年全球森林资源评估报告》指出，"森林在消除贫困、确保粮食安全和提供体面生活方面，发挥基础性作用；森林提供良好的中期绿色发展机会和长期生态服务，如清洁空气和水、保护生物多样性和减缓气候变化。"

森林是维护生态系统安全的重要"调节阀"。会议及《2015 年全球森林资源评估报告》指出，森林在支持和维护生态系统和生态循环中扮演着重要角色。森林既依赖又对许多碳、水循环做着重大贡献。森林还可以调节水流、保护土壤，森林经营会影响到森林在维持遗传和分类变异、生态功能和生态服务方面的作用。

森林是维护经济社会稳定运行的重要"稳定器"。2011 年，全球木材采伐量约为 30 亿立方米，为经济社会发展提供重要资源。林业对全球 GDP 的贡献量每年约为 6000 亿美元，约占全球 GDP 的 0.8%。2010 年，在林业中就业的大约有相当于 1270 万的全日制员工，其中 79% 在亚洲，主要在印度、孟加拉国和中国。

表 1　历届世界林业大会主题及其演变

大会	主题	演变
第 1 届	林业调查与统计方法	产品生产功能和经济功能
第 2 届	林业生产、贸易和木材工业	
第 3 届	确定世界林业大会为联合国林业特别组织，明确其宗旨	
第 4 届	有林地区在全球土地经济和国家经济发展中的作用和地位	
第 5 届	通过广泛的国际技术情报交流和思想交流推动林业科学和林业实践的发展	
第 6 届	林业在变化着的世界经济中的作用	
第 7 届	森林与社会经济的发展	经济功能和社会功能
第 8 届	森林为人类	
第 9 届	为社会综合发展中的森林资源问题	
第 10 届	森林资源如何为社会的综合发展服务	
第 11 届	林业的可持续发展：迈向 21 世纪	产品生产、经济社会、生态服务和文化休闲功能
第 12 届	森林——生命之源	
第 13 届	森林在人类发展中发挥着至关重要的平衡作用	
第 14 届	森林与人类：为可持续的未来而投资	

二、世界林业发展的热点与趋势

（一）维护生态完整性和生物多样性

加强森林保护可使绝大多数物种尤其是濒危物种得以生存、发展并适应不断变化的条件。保护生物多样性对维护森林长期健康可持续的生产力至关重要。

2015 年，原生林①占全球森林面积的 33%，或约 13 亿公顷。2015 年，主要指定用于生物多样性保护的森林面积占世界森林的 13%，共 5.24 亿公顷；世界 17% 的森林位于依法设立的保护区内，共 6.51 亿公顷。

森林砍伐、森林退化、林地碎化、污染和气候变化是森林生物多样性面临的重大问题。尽管过去 25 年保护工作不断增强，但生物多样性损失的威胁依然存在并可能继续，体现在原生林的退化或丧失。

虽然建立更多的保护区有利于保护生物多样性，但减少生物多样性损失的实质性措施，只能通过将保护政策纳入更为广泛的国家和地方发展计划，体现生物多样性保护需要。

（二）增强森林生态系统状况和生产力

一是保护天然林。在全球范围内，天然林面积在减少，人工林面积在增

---

①　指一个森林已经达到非常长久的年龄而没有遭到显著的干扰，从而表现出独特的生态特征，并可能被归类为顶极群落。

加。到 2015 年，天然林占整个林地总面积的93%，人工林占7%，或2.67 亿公顷。自 1990 年开始，人工林面积增加了 1.1 亿多公顷，2000～2010 年是增长高峰期，年均增长达到 520 万公顷。

过去十年，尽管天然林减少速度放缓，但其面积或可能继续下滑，主因是林地转化为农业用地或其他用地。另一方面，由于对林业产品和生态服务的需求不断增加，人工林的面积很有可能在未来几年得到继续增加。

二是扩大森林面积。过去 25 年，森林面积从 41 亿公顷变成 39.99 亿公顷，减少了 3.1%，但全球森林面积减少率放缓。主要是两方面因素结合的结果：一些国家减少了森林的转换率，另一些国家扩大了林地。2010～2015 年，林地变化显示出积极态势：天然林消失率减少。

但随着人口不断增加，可能会将更多的林地转化为农地或其他用地。人均森林面积减少，木材砍伐稳定增长，表明未来几年需要从更少的林地获取更多木材。

三是减少森林退化。由于选择性采伐、火灾、虫害、疾病、放牧，导致反映森林退化的主要指标——局部郁闭度减少。气候变化下，一些树种会比其他树种更易受到影响，所以随着时间推移，混交林中会产生更多的空地。这些空地或许最终会由其他树种占据。局部郁闭度减少的原因不仅包括人类行为，也包括人类管理活动和自然原因。

（三）加强森林可持续经营

过去 25 年，森林可持续经营取得实质进展。全球99%的森林受政策立法保护。有管理方案管理的森林 2010 年为森林总面积的52%。森林经营认证面积不断增加，经国际认证的面积从 2000 年的 1800 万公顷增加到 2014 年的 4.38 亿公顷。

森林可持续经营面临的挑战是建立法规，以便鼓励森林经营者遵循这些法规，通过投资改进实际工作，并在一个合理的时间段内获得利润。

建立法律、数据、规划，支持森林可持续经营，以及获得利益相关者的支持，对促进长期的森林经营至关重要。虽然私有林比率在全球范围内不断增加，但不太确定的是私有林地是否有可能作为森林继续保持下去。

（四）提高森林社会经济效益

一是木材需求持续增加。全球对木制品的需求继续增长。木材需求从 1990 年的每年 27.5 亿立方米上升到 2011 年的 30 亿立方米。1990～2015 年间，指定用于木材生产和多用途的林地面积增加量超过了 1.28 亿公顷。

二是林业的经济贡献在不同国家呈现分化趋势。在可预见的将来，低收入和中等偏下收入国家的薪柴对 GDP 贡献仍很重要。对于高收入国家，非林业部门的价值可能比林业增加值增长速度快。但在所有国家，林业增加值在国家层面比在地方层面的重要性要小，地方高度依赖于林业收入。

三是林业就业贡献十分突出。在全球范围内，世界上大多数地区生产率都在增长，看起来林业和伐木业的就业有可能下降，但这种下降不可能在高薪柴使用国家出现。在可预见的未来，这些国家的劳动力利用率不会改变。

四是林权私有化。目前林权私有制和民营公司增加对公共森林管理责任的趋势很可能会继续强化。同样，在许多国家，森林管理从国家下放权力到地方各级也有可能继续。在中等偏上收入类别的国家，随着国民收入的增加，森林私有化会呈现继续的态势。

五是森林保障粮食安全和营养。世界约有10亿最贫困人口的粮食直接源自森林，20亿人口依靠森林燃料烹饪和取暖。林业对粮食安全和营养还提供创收和生态系统服务等间接作用。但这些作用被低估，且未在国家战略中得到体现。在关系到粮食安全的决策中，森林没有受到重视。

六是统筹安排林业和其他部门土地利用。对粮食安全、贫困、气候变化、毁林、森林退化和生物多样性的丧失等有关挑战，采取综合行动，而不是单一解决方案。通过改进多部门土地利用规划，对自然资源（森林、树木、土壤和水）综合管理。在相互冲突的土地利用需求与机遇之间取得平衡。制定协调一致的土地利用综合政策，减少毁林动因。

七是创新森林景观管理，促进和谐共存的农村发展。创新产权模式，明晰和落实森林景观的财产权和使用权，促进天然林和人工林管理和恢复。

八是加强对森林和人的投资。增强对人的投资，促进组织化和人才培训。对林业尤其是可持续森林景观增加投资。

（编译整理：赵金成、曾以禹、张多；审定：张利明）

世界林业大会解读：将林业纳入可持续 发展和生态建设与保护核心框架

第14届世界林业大会的主题及其六个分主题，反映出国际社会对林业生态保护功能和经济社会贡献的重视。《德班宣言》着重强调，林业对粮食安全、应对气候变化、生态系统服务、能源和水等支撑全球可持续发展的关键因素和要素的重要保障，倡导为了人类和可持续发展，要增强林业绿色投资。以下，根据本次大会的成果文件，以及联合国关于林业促进可持续发展的最新进展，整理分析当前世界林业促进可持续发展和生态系统安全的主流观点。

一、提出林业促进可持续发展和生态系统安全具有深刻的时代背景

众所周知，联合国千年发展目标将于今年底到期，制定新的可持续发展议程，开启可持续发展的新征程，成为全球关注焦点。过去 15 年的努力，可持续发展大多数领域已取得重要进展，但目前目标的实现进展不平衡。全球极度贫困人口已减半，但生态可持续性受到严重威胁。同时，新的危机，气候变化、自然灾害等带来重大挑战。过去几十年，人类过快改变生态系统，出现了森林锐减、土地荒漠化、湿地退化、物种灭绝等生态危机。全球森林已减少 50%，荒漠化土地占地球陆地总面积的 1/4。为了实现更加平衡、更加多元、更加丰富的可持续发展，国际社会在今年 8 月 2 日经 193 个联合国成员国通过的《世界转型：2030 全球可持续发展议程》中明确了 17 项可持续发展目标，其中的目标 15 是单独设置关于生态系统保护的目标，体现出国际社会增强有关森林、湿地、荒漠和生物多样性保护活动，推动更加完整、更加全面、更加有力的生态保护政策行动。在这一背景下，加强林业，实现粮食安全、生态系统安全、水安全、经济社会稳定，成为本次林业大会关注的焦点。

另一方面，2008 年的金融危机对世界经济产生重大深远影响，近年来，全球经济呈现明显的分化特征，发展质量、贫富差距在国家之间的分化十分显著。美国经济稳步增长，在发达国家中一枝独秀，欧盟经济处于恢复中，但仍在衰退边缘徘徊，日本经济剧烈动荡，新兴经济体逐渐走强，低收入国家依然发展缓慢。更好地发挥林业的经济、社会和生态多元效益，无疑有利于各国提振经济、扩大就业、稳定社会。

面对这样的形势，本次林业大会的成果指出，在可持续发展和生态系统保护的大背景下，通过增强林业投资，充分发挥林业的多功能作用，能够为实现人类未来 15 年的可持续发展目标平衡发展作出重大贡献，尤其是本次林业大会六大主题指出的，林业为粮食安全、消除贫困、防灾减灾、应对气候变化、能源安全、水安全、创造就业机会提供更宽广的包容性增长解决方案。这次大会，让更多的人认识到，投资林业是可持续发展的金钥匙，寻找未来可持续发展的一条重要道路在林业。

二、当前国际社会关于可持续发展框架中林业地位的基本原则和重要论述

当前国际社会就可持续发展的基本原则主要包括重申联合国宪章的宗旨和原则以及"共同但有区别的责任"基本原则，聚焦消除贫困等发展问题，同

时更加突出可持续的概念，强调平衡推进经济、社会、生态三大领域，建立完善的执行手段和后续落实机制。基本原则反映出解决突出发展问题、多元平衡发展、更加重视落实等精神。

目前，关于可持续发展目标的设定，林业内容从"千年发展目标"框架下环境子目标下的子项目，提升为新的发展议程下单独的森林、湿地、荒漠和生物多样性保护等"生态系统保护目标"。新的可持续发展议程关于林业和生态保护方面的具体目标 15 见文本框 1。

文本框 1

可持续发展议程关于生态建设与保护的目标安排

目标 15   保护、恢复和促进可持续利用陆地生态系统、可持续管理森林、防治荒漠化、制止和扭转土地退化现象、遏制生物多样性的丧失。

15.1   到 2020 年，根据国际协议规定的义务，确保保护、恢复和可持续利用陆地和内陆的淡水生态系统及其服务，特别是森林、湿地、山区和旱地。

15.2   到 2020 年，促进所有森林类型的可持续管理；停止毁林、恢复退化的森林，并在全球可持续增加植树造林和重新造林。

15.3   到 2030 年，防治荒漠化、恢复退化的土地和土壤，包括受荒漠化、干旱和洪涝影响的土地，并努力建立一个不再出现土地退化的世界。

15.4   到 2030 年，确保保护山区生态系统，包括其生物多样性，以加强其产生惠益的能力，这对可持续发展至关重要。

15.5   采取紧急和重大措施，以减少自然生境退化、遏制生物多样性的丧失，在 2020 年之前，保护和防止受威胁物种的灭绝。

15.6   根据国际协议，确保公正和公平分享利用遗传资源所产生的惠益，促进适当获取这类资源。

15.7   采取紧急行动，制止偷猎和贩运受保护的动植物种群，解决非法野生动植物产品的供需问题。

15.8   到 2020 年，采取措施防止引进并显著减少外来入侵物种对土地和水生态系统的影响，控制或消除优先保护物种。

15.9   到 2020 年，把生态系统和生物多样性价值纳入国家和地方规划、发展进程、减贫战略和账户。

15.a   从所有来源调集并大大增加财政资源，以保护和可持续利用生物多样性和生态系统。

15.b   从所有来源和各个层面调集大量资源，为可持续森林管理提供资金，并向发展中国家提供适当激励以推动这方面的管理，包括促进保护和重新造林。

15.c   加强全球支持的力度，努力打击偷猎和贩运受保护物种行为，包括增强地方社区的能力，以实现可持续生计。

值得指出的是，林业对于实现其他 16 项可持续发展目标同样重要，如目标 6.6"到 2020 年，保护和恢复与水有关的生态系统，包括山区、森林、湿地、河流、含水层和湖泊"，目标 7"确保人人获得负担得起、可靠和可持续的现代能源"，等等。

三、制定林业可持续经营国家战略至关重要

本次大会、《2015 年全球森林资源评估》以及联合国有关进程，都提倡制定林业可持续经营国家战略，通过完善法规、增强投资、透明程序、加强监

测、改善治理、增强森林防灾减灾等，加强社会、生态和经济准则的运用，维持林产品和生态服务的不断流通，同时不会随着时间的推移而造成明显的生态破坏、森林退化、物种减少。

制定林业可持续经营国家战略的本质，是用长期发展的眼光规划安排林业：让林产品、林下经济和生态系统服务能持续不竭地满足当代和子孙后代的需要，并较好地保护人类生态系统和生态系统服务。

林业可持续经营国家战略为林业和可持续发展、生态建设与保护创造"多赢"的机遇，是实现可持续发展的重要手段。主要体现在：一是在未来15年可持续发展议程更加重视考核落实成果的大趋势下，它是国家落实可持续发展目标生态保护目标的重要抓手；二是它是实现可持续发展三大支柱并重的发展模式的重要工具；三是它是国际社会认可的森林资源开发利用、林产品生产贸易、社区可持续管理、景观可持续管理的基本原则；四是它是符合国际趋势和潮流的林业管理模式。

林业可持续经营国家战略不是一套呆板的框架，而是一种理念、战略和一套随机应变的政策行动，能促使公共、私营部门以及各个利益相关者，在林业各部门决策中综合考虑并严格落实经济、社会、生态并重的三大支柱。当前，林业部门应在可持续原则的指导下，制定各自领域内林业促进可持续发展的路线图。

四、将林业纳入可持续发展和生态建设与保护的核心框架

一是增强林业行动促进林业发展是可持续发展的应有之义。本次大会安排在本月底举行的联合国可持续发展峰会之前举行，具有特殊意义，以期将林业更完整、更充分地纳入未来可持续发展框架中。当前，国际社会就可持续发展达成共识，更加重视多元平衡，更加重视制定和落实，致力于建立人与自然、人与人的和谐关系，致力于推动经济社会生态可持续。林业是其中的重要元素，对于实现未来15年可持续发展的五大关键要素之一"地球生态系统"至关重要。林业大会及联合国有关进程，让国际社会认识到，增强林业行动促进林业发展是可持续发展的应有之义，主要体现在：林业管理活动涉及的森林、湿地、荒漠、生物多样性成为未来可持续发展17大目标之一，融入到可持续发展的体系中，成为未来15年可持续发展考核重要指标和内容。由此可见，林业发展的导向必然促进可持续发展更大进步；重视林业发展必然加快安全、健康、可持续发展的文明时代到来。

二是林业在可持续发展和生态建设与保护中的主体地位更加凸显。主要体现在，从千年发展目标到2015后可持续发展目标，可持续发展的理念内涵和目标分类发生重大转变，即内涵从环境丰富为环境和生态，具体发展目标

从环境上升到地球生态系统，关键词从环境、生物多样性转变为生态系统、环境。突出保护、恢复和促进可持续利用陆地生态系统。2015后新的发展目标，充分强调林业对促进可持续发展全方位的作用，包括经济、社会以及应对气候变化和消除贫困等。特别是目标15.9提出，"到2020年，把生态系统和生物多样性价值纳入国家和地方规划、发展进程、减贫战略和国民账户"，充分反映了林业的经济、社会和生态效益。我国林业承担着森林、湿地、荒漠等三大生态系统及保护生物多样性的重要职责，涵盖了整个陆地自然生态系统，覆盖到63%的国土面积，承担着陆地生态系统保护和恢复的主体任务，也将承担履行可持续发展目标名副其实的主体责任。

另一方面，可持续发展议程从关心人的发展"一元性"，到人和地球生态系统都同等关心的"二元性"。表明为了发展牺牲生态的时代一去不复返，可持续发展越来越强调生态系统的基础性和重要性。提出将保护、恢复和促进陆地生态系统，可持续管理森林、防治荒漠化、制止和扭转土地退化现象、遏制生物多样性丧失作为衡量发展的重要目标。这一趋势也更加凸显了林业的地位和作用。可持续发展目标基本体现出林业生态、经济和社会三大效益贡献。

三是充分发挥林业在可持续发展和生态建设与保护中的主力军作用。第一，将林业发展纳入可持续发展和生态建设与保护的主流。本次大会对森林在粮食安全、减灾防灾、水安全、能源安全、经济社会稳定等多方面发挥的重要功能进行详细论述，并倡议加强林业政策行动。正如"Rio + 20"峰会成果文件指出，强调森林给人类带来的社会、经济和生态惠益以及可持续管理森林对可持续发展主题和目标的贡献，强调必须将可持续森林经营的目标和做法纳入经济政策和决策的主流。为此，紧紧抓住国家在落实未来15年可持续发展目标的决策制定和目标设计，将林业有关内容纳入顶层设计中。第二，增强森林生态系统和生物多样性保护。处理好森林与人的关系、协调好经济社会对森林的多样化需求，增强森林更好促进可持续发展，尤其增强天然林保护和人工林营造管护，扩大森林面积，提高森林质量，增强生态系统服务，维护生态系统安全。第三，增强提升林业经济社会效益的政策行动。加强可持续经营，确保林业长期提供广泛的产品和服务，尤其是经济和社会效益。除采取多项措施促进森林产品和服务供应外，积极通过林权改革为农户提供更多获取森林资源和进入市场的机会。促进林业组织发展，为进入市场并实现更具包容性、更高效的生产提供支持。提高可持续经营实现森林经济社会效益的实施能力。第四，制定森林可持续经营战略和规划。加大对森林可持续经营的战略投入，加快推动森林可持续经营。

（分析整理：赵金成、曾以禹、张多；审定：张利明）

第 14 届世界林业大会聚焦林业与可持续发展

第 14 届世界林业大会①将于今年 9 月 7 日在南非举行，大会安排在 9 月 25 日举行的联合国高级别峰会之前，具有特殊意义。

据联合国粮农组织和南非政府会前说明，这次会议将聚焦"森林与可持续发展"（the role of forests in a sustainable future），具体讨论六大主题：森林促进社会经济发展和粮食安全；加强森林增强抗灾能力；将森林与其他土地利用用途统筹安排；鼓励林产品创新和可持续生产消费；监测森林提高决策能力；加强能力建设改善治理。

这次会议旨在研究解决五大问题：一是澄清"承认森林在地方、国家和国际层面为可持续发展发挥至关重要作用的"重要性；二是研判分析林业部门面临的问题，提出政策行动促进林业可持续发展；三是为全球务林人提供分享知识和经验的重要平台，促进建立合作伙伴关系和网络；四是为林业部门最新的发展和创新提供展示窗口，并促进推广应用；五是确保关键问题得到解决，并确保所有关键利益相关者（包括青年、妇女和当地社区）的声音都被听到。

（摘译自：联合国粮农组织世界林业大会官网，http://www.fao.org/about/meetings/world-forestry-congress/en/；编译整理：赵金成、曾以禹、张多；审定：张利明）

《巴黎协定》有关决定为林业
坚持绿色发展增添新机遇

《巴黎协定》（以下简称《协定》）是全球应对气候变化和促进可持续发展的里程碑事件。这份协定对我国来说既面临良好机遇又面临严峻挑战。一方面，我国应对气候变化还有许多困难摆在面前，加之我国是世界第一大排放国，

---

① 世界林业大会（World Forestry Congress，WFC）为国际性的林业学术研讨会，是全世界规模最大、最具影响力的林业研讨会，主办单位为联合国粮农组织（FAO）与各主办国政府，大会自 1926 年起，每六年举办一次，至 2009 年为止已举办 13 届。

受到《协定》约束逐渐趋紧，落实协定稍有出入，即可能立即遭到其他缔约方非议，需要审慎思考各种负面影响和应对措施。当前，我国经济发展方式还较为粗放。应对气候变化能力还相对薄弱，相关法律政策、标准规范还不健全，相关体制机制还不完善，气候友好技术还不厚实，人才队伍建设相对滞后。这些条件决定我国在参与《协定》方面，面临着较大压力。另一方面，《协定》为我国经济转型升级带来难得机遇，它以制度约束倒逼机制，促进国家更加重视各级政府应对气候变化的绿色发展责任，促进企业向绿色转型升级优胜劣汰，进而促进产业整体优化组合升级发展。

对林业发展来说，《协定》作为新的全球气候治理框架，给我国带来新的机遇，主要体现在：

一是有利于将林业纳入国家绿色发展永续发展顶层设计和高级别发展规划。全球 195 个缔约方一致承认，以整条的形式规定林业在未来全球气候治理中的地位。这充分说明，国际社会高度认可林业在应对气候变化维系人类生存和可持续发展中的作用。协定的通过，表明将林业纳入坚持绿色发展的顶层设计和高级别规划并抓紧落实，是维护全球气候安全生态安全的迫切要求。

二是有利于加快推进全面保护森林及其他生态系统推动绿色发展。《协定》传递出了全球将迈向绿色、低碳、循环、可持续发展的强信号。《协定》提出确保生态系统和生物多样性的完整性，关于林业的活动从"通过无林地造林和再造林增加碳汇"的单一措施扩展到"造林再造林、封山育林、森林防火、加强森林保护区、加强可持续经营、保护生物多样性、增加森林碳储量等"多元手段；关于林业的功能从注重发挥林业的"碳汇功能"扩展到注重发挥林业的多功能；关于林业的工程范围从碳汇项目扩展到退耕还林、天然林保护、森林经营、野生动植物保护等，涉及的林业活动内容更加全面。全球应对气候变化，全面保护森林及其他生态系统是大势所趋。党的十八届五中全会对绿色发展作出系统部署，从六个方面展开，主要内容涉及绿色发展的空间载体、制度体系、产业体系等，明确要求要"全面提升森林、河湖、湿地、草原、海洋等自然生态系统稳定性和生态服务功能。"新时期，积极参与《协定》，全面保护森林及其他生态系统，既有利于完成对外承诺维护国家形象，更有利于贯彻落实五中全会精神。

三是有利于加快国家森林碳库建设维护生态安全、气候安全。我国目前提出"蓄积量增加 45 亿立方米"的国家自主贡献森林目标，未来随着《协定》全球盘点机制的实施，林业目标更艰巨。世界各国纷纷将森林碳库建设作为落实《协定》的国家行动。美国在巴黎大会期间发布《气候变化和土地部门》，确立土地部门在应对气候变化的战略地位，到 2025 年美国要通过森林固碳等活动每年净吸收温室气体排放 1.2 亿吨二氧化碳当量。为实现该目标，美国对林地增汇减排行动提供激励，包括林地可持续经营、养分管理、维持土壤健康等活动。我国通过制度、政策和标准的调整、改进，包装提升退耕还林、天然林保护、防护林体系建设、退化林改造、森林经营、国家储备林等重大生态工程应对气候变化的功能效益，把它们作为加快国家森林碳库建设的基础工程，适应全球盘点机制的变化、充分体现国际气候制度要求的额外性，在目前存量效益的基础上产生应对气候变化增量效益，为不断提升我国自主贡献能力作出新的更大贡献。另一方面，通过工程措施加强国家森林碳库建设，也是加快提供生态产品坚持绿色发展的重大举措。

四是有利于林业在增加绿色能源供给促进低碳发展中培育新型绿色产业体系。巴黎气候大会倡议减少化石燃料使用，《协定》提出加强可再生能源利用。当前，积极培育林业绿色产业成为许多国家实现低碳发展转型的重大措施。在加拿大卡尔加里市（Calgary），纸和纸浆工厂为所有家庭提供了绿色能源。目前大约 30 座森林发电设施生产的绿色电能多数输送给各个电网。欧盟以木材为主的固体生物质能源目前产量达到八千多万吨油当量，成为该地区许多国家的增长动力之一。法国 2012 年可再生能源创造了近 19 万个直接和间接的就业机会，并带来超过 110 亿欧元的总产值。同时，随着这次大会倡议的绿色、低碳发展深入，企业必然要加大生态投资，成本随之增加，会逐步淘汰落后产能转变生产方式，市场更加健康，绿色企业大量增多。培育建立新型绿色产业体系和企业主体，有利于加快形成坚持绿色发展的强大动力。

五是有利于发挥林业综合效益促进绿色脱贫。《协定》十分注重发挥森林在应对气候变化中的民生保障功能，《协定》决定及其附件明确要求鼓励发挥森林的"非碳效益"。近年来，在全球应对气候变化进程中，林业通过封山育林、森林防火、建立保护区、可持续经营、荒山荒地造林等措施，产生了改善生活质量、提升健康状况、保护生物多样性、增强生态系统修复能力、改善生态系统服务、增强森林资源管理决策透明性、提高社区对森林资源管理参与度等方面的多元效益，为消除贫困提供了捷径。联合国粮农组织指出，全球有 3.5 亿人的收入和工作都依赖森林，其中很多人都是最贫困的人群。2013 年赞比亚启动了一项国家植树计划，创造 20 万个就业岗位。我国通过将林业重大生态工程向贫困地区倾斜、加大贫困地区生态保护修复力度、利用生态补偿和生态保护工程资金将贫困人口转为护林员，以及大力发展地方特色林业产业等重大措施，帮助成千上万的农户脱贫致富。

六是有利于促进建立基于自然生态系统的减少气候灾害国家战略。《协定》提出要增强全球抗御力、减少脆弱性，尤其在脆弱的发展中国家更要保护生态系统。当前，气候变化、生态退化、贫困和不平等、城市化过快等风险因素交织在一起，导致许多发展中国家在重大自然灾害来临时难以承受。国际社会倡议采取基于生态系统管理的办法减少灾害风险，既提高大自然抵御灾害的能力，又促进提升灾害发生后较快较强的生态恢复力，维护国家安全。正是在这种背景下，森林的重要作用获得国际共识。森林通过涵养水源、保持水土、减少洪水和山体滑坡，可以有效应对自然灾害。其提供的生态服务在很大程度上惠及了人类、社会和经济，可以帮助解决灾后引发的一系列难题。我国是受自然灾害影响较频较重的国家，建立起基于自然生态系统的应对气候灾害国家战略，有利于提高自身抗御力，更有利于筑牢生态安全屏障推动绿色发展。

《协定》对林业提出了新要求，带来了新挑战：如何调整政策、制度、技术，适应国际气候制度的规则，为更大更难的国家自主贡献目标贡献更大力量；如何在加强森林应对气候变化功能碳汇效益的同时，更好兼顾其他生态效益和国家生态安全目标，更好发挥社会经济效益促进实现 2020 年脱贫攻坚目标；如何在全球加快绿色、低碳发展的大潮中，在现代绿色产业体系建设、现代市场主体培育中占得先机；等等。

（分析整理：赵金成、曾以禹、张多；审定：张利明）

全球纺织业绿色发展大势所趋
我国木、竹纤维产业大有可为

当前，资源环境约束趋紧，全球纺织行业愈显绿色化、环保化，木、竹纤维抓住这一有利时机，已成功跃升为全球家纺原料市场的第三大供给方，成为上千亿人民币规模的新兴产业。我国是全球木、竹纤维生产和消费大国，抓紧制定战略规划，抢占国际制高点，打造木、竹纤维大产业，对于保护生态环境、适应经济新常态、提高国际竞争力都具有重大意义。

木、竹纤维成为家纺原料顶梁柱

近年来，全球资源环境约束导致了纺织业原料供给愈发趋紧。一方面，受各国严格保护耕地的影响，棉、麻、桑的种植都受到限制。另一方面，石油、天然气资源的日益枯竭为合成纤维敲响了警钟。联合国 2000 年预测，全球石油将在 2070 年基本用尽。

此外，气候、环境变化也对纺织业带来新冲击。全球干旱、水涝、山洪等自然灾害造成许多生物质资源减产。如澳大利亚连续七年旱灾，使绵羊数量大幅缩减，绵羊毛（洗净毛）产量下降 30%。

　　基于此，家纺业走向绿色发展，表现七大趋势：开发可回收利用的纺织品、开发节约能源资源的纺织品、开发轻薄的多功能纺织品、开发水土保持用纺织品、开发防治污染用纺织品、开发环保型新浆料、开发环保型污整技术。

　　木纤维是优良的家纺业原料，它采用速生松木作原料，既不破坏生态环境同时具有天然的防臭、除菌的特性，更重要的是环保功能突出（表1），它能减少对水源的污染、能节约用水、产品可自行生物降解无垃圾污染。因此，优质木纤维被称为"21世纪绿色纤维"。

表1　木纤维、合成纤维和棉花生产过程的环境影响比较

产品类型 环境影响	Lyocell （一种木纤维）	Viscose （一种木纤维）	棉花	涤纶 （一种合成纤维）
水需求 （1000 升/千克）	0.1	0.25 ~ 0.5	7 ~ 20	0.13
土地需求 （平方米/千克）	17 ~ 66	17 ~ 66	66 ~ 200	
化学品需求 （克/千克）	345		350	
能源需求 （百万焦/千克）	20 ~ 45	20 ~ 60	20 ~ 40	70 ~ 97
温室气体排放 （CO_2 当量/千克）	− 0.25 ~ 0.3	0.9 ~ 1.6	2.2 ~ 4.4	4.1 ~ 4.5

来源：摘自联合国欧洲经济委员会发布的 *Forest Products Annual Market Review*（2013 – 2014）

木、竹纤维产业化打造千亿大市场

　　木纤维是棉花良好的替代品，2004 ~ 2012 年连续的棉花欠收，木纤维价格创纪录走高，也大大促进了木纤维新生产能力的大量投资。2014 年初，全球纤维原料市场中，合成纤维居第一位，占61%；棉花居第二位，占31% ~ 32%；利用木浆提取纤维素的粘胶，已超过羊毛，跃居第三位，占6%。

　　目前，全球每年大约生产 Viscose（一种木纤维）400 万吨，中国约占58%。2004 ~ 2012 年间，抓住棉花欠收以及原油价格增长的机遇，Viscose 的产量大约增长了84%。

　　近些年，竹纤维纺织品在欧美发达国家已渐渐融入人们日常生活。如家乐福开始贩售 Tex 品牌命名之竹纤维枕头、浴巾和浴衣；品牌服装 Camif 推出竹纤维 T 恤，美国知名品牌 Timberland 亦在该国推销竹纤维袜子。一件加入竹纤维材料的休闲西装，在日本市场的售价达到 5.9 万日元，在香港一件竹纤维夹克售价为 4000 元港币，中国一件高尔夫 T 恤售价为 800 元人民币左右，另有许多知名服饰及运动休闲品牌商开始将竹纤维应用于公司产品，如 Versace，Fila、Nike。中投顾问轻工业研究员朱庆骅指出，我国竹纤维产业正

处于市场的开发和上升阶段，现在国内竹纤维市场的终端消费市场需求量已经在 100 亿人民币以上，预计年增长率将超 300%。① 木、竹纤维已开启纺织产业新纪元并成为环保健康纺织品的代名词。

各国纷纷采取行动抢占制高点

为扶持木竹纤维这一耀眼的朝阳产业，各国纷纷行动以尽快抢占全球制高点，主要措施包括：

一是制定战略规划。欧盟 2013 年发布的《林业产业蓝图》(*A Blueprint for the EU Forest-Based Industries*)中指出林业战略机遇包括，木纤维可以促进林业产业实现以高附加值、最优化的方式循环再利用。欧洲森林研究所在 2014 年的《欧洲林业的未来：迈向生物经济的结构性挑战》(*Future of the European Forest-Based Sector：Structural Changes Towards Bioeconomy*)中，分析林业战略机遇，指出随着全球日益关注可持续发展和循环利用，有必要开发新材料，它为木材和木纤维行业提供了千载难逢的好机会。

二是打造品牌和建立生态标签。一般来讲，原料仅占服装销售价格的很小一部分，原料供给方分享到的利润很少，这也成为木、竹纤维市场化的一大障碍，即难以分享到合理的利润。为此，欧洲各国建议走纵向联盟的道路，通过打造品牌、建立生态标签，以及长期供货协议等方式，推进市场化。欧洲在这方面走在前列，如 Courtaulds 公司以 Tencel(我国注册中文名为"天丝")生产的 Lyocell 纤维，还有 Lenzing 公司和 AKZO 公司分别以 Lenzing-Lyocell 和 Newcel 的名称生产 Lyocell(长丝型)。在日本也已经有纤维制造厂引进 Lyocell 的生产技术。

三是提高公众意识。2014 年 3 月，意大利常驻联合国代表团在日内瓦组织了"森林时尚、时尚森林"(Forests for Fashion-Fashion for Forests)活动，展示了设计大师利用木纤维制作的服装精品。

另外，还着力解决面料浪费和回收再利用等有关问题。总之，木纤维纺织品是未来极受广大消费者欢迎的绿色健康产品，在全球市场上将名声赫赫，赞誉良多。

（摘译自：1. 原材料，木纤维在家纺业已当道；2. 竹纤维新材料产业化将撬动千亿纤维制品市场；3. A Blueprint for the EU Forest-Based Industries；4. Future of the European Forest-Based Sector：Structural Changes Towards Bioeconomy；5. Forest Products Annual Market Review 2013 – 2014。编译整理：赵金成、曾以禹、张多；审定：张利明）

_____

① 摘自《羊城晚报》。

北半球森林持续增长，但亟须实施
改革增进森林社会和经济效益

最近，联合国欧洲经济委员会发布报告，分析其成员国林业改革动向。指出，近 15 年该区域森林一直处于增长态势，增长面积约相当于英国大小。但该地区由森林和林业创造的收入、吸纳的就业却处于下降态势。近 10 年来，林业对 GDP 的贡献从 1.2% 下降为 0.8%；北美林业就业减少了 33%，森林生态服务远远没有实现货币化。尽管保护区和认证森林面积持续增加（2007～2014 年增加 52.2%），生态系统服务支付仍很稀少。幸运的是，芬兰、挪威、瑞典和瑞士，都已经启动实施了对私有林和公有林的生态补偿国家计划。

报告提出，林业部门应促进迈向绿色经济改革，增进绿色增长。如，针对可持续林产品生产和消费不断增长趋势，促进森林可持续经营和森林认证，强化森林应对气候变化；应加快改革，增进林业部门经济可持续性；加强创新，促进绿色经济新产业发展，提高林业吸纳就业能力。

（摘译自：Forests in the Northern Hemisphere Are Growing But Reforms Are Needed to Maximise Their Economic and Social Use；编译整理：赵金成、曾以禹、张多、何静）

多国实施森林生态补偿国家计划：加强财政
支持、增强生态服务、促进绿色发展

最近，生物多样性公约网站上列举了全球生态补偿计划进展，其中，芬兰、瑞典、挪威、瑞士等国启动实施了森林生态补偿国家计划。从这些国家的目标来看，启动计划，旨在"加强国家财政支持、释放生态保护信号、增强生态系统服务、促进绿色经济发展"。

——芬兰

芬兰森林面积为 2215.7 万公顷，森林覆盖率 73%。芬兰林业对于国家经济发展举足轻重，联合国粮农组织 2014 年的报告显示，芬兰林业吸纳的就业占全国总劳动力的 2.8%，林业部门总附加值为 96.45 亿美元，占 GDP 的 4.3%。

为了保护和利用好森林，促进可持续发展，长期以来，政府将保护森林生物多样性作为培育和经营森林政策的主要目标之一。其森林保护区面积 480 万公顷，占森林总面积 22%。芬兰保护森林的得力工作，使其成为全球近 10 年来森林面积年净增长最高的 10 个国家之一。

2002 年，芬兰启动了名为"芬兰南部森林生物多样性国家计划"（METSO）的森林生态补偿计划（试点），目标包括：改善芬兰的森林自然保护区状况、激励私有林所有者加强保护、提升森林和栖息地的生态服务功能。试点效果良好，为进一步保护好生态，补偿森林所有者因受到限制而产生的损失，政府决定实施第二期生态补偿计划，即《芬兰南部森林生物多样性计划（2008－2016 年）》（MESTO II）。第二期计划的实施规模为保护约 270 万亩的森林，每年投资 4000 万欧元。

该计划以政府作为森林生态系统服务的主要购买方，公有和私有林主作为服务提供方。政府首先表达提供生态补偿的意向和需求，林主自愿选择是否参与。林主根据其森林的状况，向农林部提出意愿，并提出可以接受的补偿价格。农林部邀请专家根据 18 项生态指标对应的生态价值，对森林的生物多样性价值分级评估，再确定林主的价格是否合理。价格合理的，双方签订协议，执行计划；价格不合理的，双方进一步协商。依据芬兰法律，生态补偿的等级标准分为六种：国家公园、保护区、森林法栖息地、森林自然保护法栖息地（Forested Nature Conservation Act Habitats）、生态补偿下的永久性私营保护区（PES：Permanent private protected areas）、生态补偿下的永久期限合约（PES：Fixed－term contracts）。一旦政府和林主协商确定后，就签订长期合约（10～20 年），支付补偿费用，补偿标准在 50～280 欧元/公顷/年之间浮动。标准的计算依据是机会成本法，根据禁止采伐而损失的木材价值计算确定。

项目实施的要求是：一方面要保护生物多样性，另一方面要改变以前的森林经营模式，加强森林保护工作。项目取得了增加森林保护区面积的显著效果。

芬兰实施公共财政资金森林生态补偿计划，关键在于建立了一个公共部门专门负责（芬兰农林部），并设计出一种公正公平的成本效益反映机制，将公众和政府对森林生态系统服务的公共需求显示出来（即林农投标＋专家评估＋双方协商）。

——瑞典

瑞典森林面积为 2820.3 万公顷，森林覆盖率 69%。瑞典林业在国家经济发展中占据重要地位，联合国粮农组织 2014 年的报告显示，瑞典林业吸纳的就业占全国总劳动力的 2%，林业部门总附加值为 139.09 亿美元，占 GDP 的 3%。

为了保护森林生态系统、保护生物多样性，瑞典政府授权瑞典国家林业局于 2010 年启动名为 Komet 的森林生态补偿试点，计划实施期为五年。项目的资金分为两部分：一是给予森林所有者总计 5100 万瑞典克朗（约 3750 万元人民币）的补偿；二是行政管理和土地管理技术指导成本，总计 2300 万瑞典克朗（约 1691 万元人民币）。平均下来，每亩森林的土地所有者补偿成本为 4666.67 瑞典克朗（约 3431 元人民币），每亩森林的行政管理和土地管理技术指导成本为 2133.33 瑞典克朗（约 1569 元人民币）。

——瑞士

瑞士对 Canton Basel – Stadt 地区实施生态补偿，以促进森林提供饮用水，该地区森林覆盖率 12%，阔叶林约为 429 公顷，其中 90 公顷由 330 个私有林主持有。该市一半的饮用水来自 Langen Erlen 森林集水区，在该集水区主要依靠森林自然保护和经营供水。而在其他地区为了供水，须进行树种替代，将部分杨树用柳树和甜樱桃替换，城市消费者为了供水，支付了更高的水价。其他一些国家，也在尝试实施公共财政森林生态补偿，如荷兰和拉脱维亚，开展小规模的政府生态补偿，对特殊的林道、观景区征收入园费（entrance fee）。

国家实施的森林生态补偿财政计划，因其宏大的补偿规模、突出的生态效果，具有其他生态补偿模式不可比拟的优势，因此，保持国家补偿计划的长期可持续性至关重要。

（编译整理：赵金成、曾以禹、张多；审定：张利明）

地中海森林周：增强林业绿色经济贡献以更好改善生计

今年 3 月，第四届地中海森林周在西班牙巴塞罗那举行，参加会议的政策制定者、森林经营者来自 20 多个国家，共计 400 多人。会议的主题是"改善生计：提升地中海森林在绿色经济价值链中的地位"（Improving livelihoods：the role of Mediterranean forest value chains in a green economy）。

这次会议旨在促进林业部门创新、加强跨部门合作并提高森林生态系统的适应能力。森林周期间举办的几次重要会议，强调了林业与农业、水利、能源、生物多样性保护和旅游业之间协同增效作用。会议形成了巴塞罗那宣言，要点是：定期评估并更新地中海森林资源现状，为决策提供坚实依据；提升地中海森林在国际进程中的地位；协调多边、双边进程，更好地建立地中海森林区域治理框架。

（摘译自：Summary and Main Outcomes of the IV Mediterranean Forest Week；编译整理：赵金成、曾以禹、张多；审定：张利明）

芬兰增强生态系统服务促进绿色经济

芬兰生态系统与生物多样性经济学项目（TEEB）于 2013～2014 年开展《面向绿色经济——芬兰生态系统服务的价值和社会重要性》研究，对芬兰一些重要生态系统促进绿色经济的经济重要性作了评估。现将要点编译如下：

一、芬兰对绿色经济和生态系统服务的理解

芬兰生态系统与生物多样性经济学项目，就"绿色经济和生态系统服务"对利益相关者进行了调研。利益相关者提出了对绿色经济和生态系统服务的理解和观点，包括二者的现状和联系。他们认为，对于一些行业，即使执行了高的环境标准，也无法列入绿色经济，如采矿业和泥炭采掘业。但另一些行业，可在芬兰促进发展绿色经济，包括：

- 林业
- 农业和食品业
- 渔业
- 旅游业，包括探险旅游、自然景区旅游和近郊旅游
- 可再生能源
- 从自然环境中提炼的化妆品、药品和营养品
- 净水
- 纺织业
- 咨询和通信业

利益相关者认为，生态系统服务及相关生物多样性的价值有利于自然资源可持续利用，通过增强生态系统服务的重要价值，有助于明确政策行动重点方向。正确认识生态系统服务的价值可产生多种"绿色效益"，如制定综合

的自然资源和土地利用规划，减少财政成本，繁荣新兴企业，创造就业机会，提高生活质量等。目前，芬兰政府重新审视了其政府自然资源报告《明智的、负责任的自然资源经济》确定的政策计划。新的政策框架致力于加强政策的行业交叉性，旨在提高芬兰发展可持续绿色经济的能力，包括对生态系统服务进行更加全面的研究，将政策制定基于对生态系统服务的充分理解，强调生态系统服务在社会经济方面的重要性，提高公众对生态系统服务的认知程度。

二、增强林业生态系统服务促进绿色经济

森林覆盖芬兰国土面积的 70%，是芬兰生态系统中的重要组成部分。林业和相关产业长期以来一直作为重要的经济部门，为农村地区提供就业机会。许多城镇也是傍锯木厂而建。尽管近几年林业产值有所下降，但统计数据表明，2012 年其生产值仍占芬兰工业生产总值的 18%，且在芬兰对外贸易中具有举足轻重的地位。2012 年，林产品生产量（主要来自纸浆和造纸工业）占芬兰总商品出口量的 19%。另一方面，进口木材占木材总供给的 17% 左右，有时甚至接近 30%。

从经济视角来看，芬兰森林产生的生态系统服务包括提供木制品和生物质能。另外，森林还可提供有益于林业产业的其他生态系统服务，包括调节和维护功能，其可影响水循环、防洪、病虫害防治和土壤组成等。若森林提供的任一服务不复存在，芬兰工业将会面临停产或产量大幅下滑。

森林除了可以惠益林业产业，还可为其他部门提供多种生态系统服务，包括旅游业、休闲娱乐业、食品业（包括野生植物、浆果、菌类、鱼类和狩猎动物）、化工业和制药业，甚至还可作为商品林。若按照绿色经济原则进行经营，森林在提供工业原料的同时，还可进行娱乐活动，并维持其他生态功能。

尽管林业产业强烈依存于生态系统服务，但另一方面也可对生态系统服务产生重要影响，如影响木材供应、水循环、气候调节能力等。对于一些生态系统服务来说，林业产业的影响是正面积极的：木材储蓄量持续增加，年平均增长量为 1.04 亿立方米，高于 68 万立方米的消耗量；木质生物质产量持续增加，减少温室气体排放，为全球气候调节作出重大贡献。但另一方面，林业产业也会产生负面影响，如林业活动可引起当地水质下降，导致生境破碎化，威胁濒危物种（包括经济价值高的物种）的生存。

向生物经济转型，旨在最大限度地利用可再生能源代替化石燃料。生物质产品的大规模使用可提高芬兰市场对木材供给的需求，进而加剧当前林业活动强度、扩大林业活动范围，对生物多样性和生态系统服务（如保水能力）产生负面影响。除了推动木材、纸浆和纸产品的应用，生物经济还倾向于生物质能的利用，以推动一些创新产品的开发，如药物、功能性食品、酶等，

并替代化石燃料。

在向生物经济转型过程中，芬兰面临的一个难题是如何既进行森林利用，又维护其提供的生态系统服务。目前芬兰的生物材料，包括木材、动植物等，约占全国物料总需求的10%。尽管可再生资源并不能替代所有的非可再生资源，生物经济的转型仍对森林提供的多种生态系统服务带来较大压力。另一方面，可持续的林业产业也可产生多种绿色经济效益，包括调节气候变化，降低化石燃料依存度，还可带来一些社会经济效益，如推动经济增长、提高生产力和竞争力、加速创新、提供就业和缓解贫困等。

三、增强旅游业生态系统服务促进绿色经济

在芬兰，人们非常喜欢到自然环境中享受旅游和休闲娱乐活动。芬兰的旅游和休闲娱乐业作为一个产值增加的行业，目前占国内生产总值的2.3%。旅游和休闲娱乐业为人们提供了接近自然、获得享受的机会，将人与自然融合在一起。该行业直接依赖于"生态系统文化服务"，同时还显著依赖于资源的可获取性和游客的安全性，包括获取食物、淡水以及缓解潜在自然灾害。支持旅游业发展的文化服务和供给服务直接或间接地受生态系统调节功能的影响，如维持良性水循环、保证水质。此外，游客实际获得的享受还取决于当地的景观特征和环境质量，这些受多种因素的影响，如丰富的虫媒花资源、病虫害的应急管理、维持植被覆盖的水资源等。

旅游和休闲娱乐业也会对生态系统服务产生多种影响。缺少妥善管理的旅游业会直接导致生态系统的退化：超负荷的游客数量会造成土壤侵蚀，干扰当地物种生存，污染、浪费水资源。这些生态影响会对文化服务带来进一步的负面效应，影响人们在旅行过程获得的美学享受。同时，众所周知，旅游业会增加全球碳排放，间接影响全球气候。

在绿色经济方面，旅游和休闲娱乐业无疑是一个朝阳产业，并在一些地区已成为带动就业的主要力量。到2020年，旅游业预计提供5万个新的就业机会。同时，旅游业还会带动其他产业的发展，如餐饮、住宿、游乐场、滑雪场和野营地等。美丽的自然风光是大多数人来芬兰旅游的主要原因，其次还有获得新的娱乐体验等。

从国家和地区经济角度考虑，发展入境旅游是提高旅游业收入的最有效方法。芬兰旅游业的重点发展目标包括强化旅游产业集群，支持企业发展，完善旅游区的基础设施建设。旅游业的可持续发展被视为当前全球旅游业的主体发展趋势，其需要"统筹考虑当前和未来的经济、社会和环境影响，关注游客、行业、环境和当地居民的多方需求。"目前，游客主要聚焦气候变化、原生自然环境和景观价值。如，46%的德国游客认为旅行的可持续性非常重

要。除了日益觉醒的环境意识，还有一些新兴需求，如享受"心灵净化"、"旧时娱乐"等，但在芬兰还未大范围兴起。这些新的旅行趋势利用自然生态系统提供的服务，从减缓压力方面改善身心健康，如赤足行走等。

四、增强生态系统服务促进绿色经济的政策建议

一是对生态系统服务进行全面评估和研究。在政策、法律、法规的起草和修改时考虑生态系统服务，用经济激励制度促进生态系统服务可持续提供，对避免、缓解相关生态系统服务负面影响行为制定补偿措施。

二是政策制定应基于充足的生态系统服务信息。利用更新完善的指标来强化生态系统服务的社会功能，并将重要的生态系统服务指标纳入芬兰国家自然资源核算体系。评估生态系统服务及相关价值，为土地利用规划、政策制定和管理活动提供信息。

三是强调生态系统服务的社会经济价值。评估生态系统服务的损失所造成的经济成本和环境影响。提供更多关于生态系统质量与价值的信息，根据绿色经济原则，推进保护自然资源和土地可持续利用的方式方法。鼓励、支持企业在发展过程中全面考虑生态系统服务，实现可持续发展。

四是提高公众对生态系统服务的认知程度。充分认识到人类社会对生态系统供给的依赖性，以及自然生态系统的保护和可持续发展对人类福祉的重要性。

（摘译自：Towards a Sustainable and Genuinely Green Economy-The Value and Social Significance of Ecosystem Services in Finland；编译整理：张多、陈串）

建设绿色基础设施

绿色基础设施发展战略：时代内涵

在人类文明的历史上，绿色基础设施的理论、思想经历了萌芽、发展、丰富、系统的过程，如今已展现一幅全新的图景。从基于绿色田园产生的城邦建设和城市文明演替，到随人类增长议题演变从灰色基础设施转变为绿色基础设施的可持续憧憬，再到补贴、补偿、碳市场等欣欣向荣的绿色基础设施经济学及全球自然资本制度建设，人类在对发展主题、城市文明、新经济模式发展进行历史梳理后，必然地提出绿色基础设施理念。

（一）城市化的反思：自然生命支撑系统

1. 营城治野：绿色基础设施孕育、繁衍生命

远古时期的绿色农田、森林、河流就是我们今天所谓的绿色基础设施，是那时的生命支撑系统。当时的人们在"主动"寻找调和人与自然、人与神之间矛盾的"法宝"。首先是基于灌溉农田、水渠、森林的出现和保护，进而诞生了城邦。绿色基础设施也由此与城邦紧密联系在一起，成为城邦诞生和发展的重要基础。

2. 文明演进：从自然抗争到人文关怀

在古文明自然抗争的基础上，后世文明的演进添加了更多人文关怀要素。西方文明的演进，封存了人类许多优秀的绿色空间建设思想，其中如文艺复兴时代产生的对理想城市形态、格局的整体探索，16～19世纪西方开展的

"完整有序景观"的建设，19世纪城市美化运动和自然主义探索等，将绿色基础设施与人类之间的社会和谐关系进一步深化和巩固。

3. 城市群：基于"精明增长"的城市蔓延治理

工业革命一方面导致城市面临环境低质恶劣、空间严重拥挤、生境破碎化问题；另一方面，雨洪管理、水质净化与供给问题；野生生物生态文化资源、洁净空气可持续供给、逢雨必涝、健康下降问题逐步出现，并成为各方关注的焦点。20世纪90年代，北美学者开始检讨不受控制的城市增长方式，提出"精明增长"（smart growth）和"增长管理"的概念。基于精明增长的目标，绿色基础设施规划应运而生，要义是对生态从系统上、整体上、多功能、多尺度以及跨行政区层面进行建设和保护。

4. 城市化全新图景：基于绿色基础设施的包容性增长

21世纪，我们已步入"城市时代"。城市提出整体保护需求，要在多个绿色开敞空间规划、保护和长期管理。绿色基础设施的生态连通思想（link）适应也符合这一需求。另一方面，多数人的追求从传统的"物质主义"转向了"后物质主义"，物质的重要性降低，生态的重要性提高。同时，人类面临着诸多灰色基础设施大发展留下的后遗症，需要从根本上转变生产和消费模式，建设绿色基础设施，推动包容性增长。

人类文明与城市发展在历史上屡陷危机，绿色基础设施的思想也在每一次危机中发展深化，并巩固了自身的理论和实践基础。人们在对绿色基础设施的发展理念和关键思想（见表1）进行细致归纳的基础上，总结出一条重要经验：不仅要拥有"静静"躺在大自然中的绿色森林、绿色河流、绿色农田、绿色草原这些开敞的绿色空间，更为重要的是人类认识到这些空间是有生命力的，只有通过人类的主动经营、规划、保护和管理，才能成为自动维系、自动修复、自动繁衍的地球"动脉"。

表1 绿色基础设施理念的演变过程

时代	里程碑	关键思想
萌芽期 1850～1900年	亨利·戴维·索罗提出"保护未被损害的自然十分重要"。奥姆斯特德创造了具有连接功能的公园和公园道路系统。 第一个城市开放空间网络——明尼阿波利斯-圣保罗大都市公园系统建立完成。 绿带思想被介绍到英国，"用于控制村庄的增长"。 乔治·帕金斯·马什撰写的《人类与自然》一书问世。	土地的本质特征应该指导其利用
探索革新期 1900～1920年	布朗克斯河公园道路成为第一个为游憩机车通行而设计的公园大道。 沃伦·曼宁利用图层叠加技术分析了一块场地的自然和文化信息。 西奥多·罗斯福总统对户外空间的热爱开启了土地保护国家议程的前奏。 黄石国家公园为国家公园系统的建立搭建了平台。 绿带概念被纳入1920年新泽西州拉德本规划之中。	大尺度规划方法的试验和探索 为后代保护自然地域

（续）

时代	里程碑	关键思想
环境设计期 1930～1960 年	生物/生态学家维克多·谢尔福德呼吁自然区域及其缓冲区域的保护。 作为新事物的一部分，几个绿带机构强调包括绿色空间在内的城市设计，并控制绿带附近的土地开发。 本顿·马克依创造了区域规划的原则，并且促进了阿巴拉契亚山脉游径成为一个广泛的开放空间条带，该绿道成为西部免受开发影响的缓冲地带。 奥尔多·利奥波德介绍了土地伦理的概念，强调生态学的基础性原则。	生态结合设计 土地利用的伦理原则 保护自然的荒野状态
生态十年 1960 年代	城市规划师和景观建筑师麦克哈格认为，生态应该作为设计的基础。 菲利普·刘易斯创造了一个景观分析的方法，关注环境廊道和诸如植被及景观等方面的特征。 威廉 H·怀特提出绿道的概念。 景观生态学与生物种群和物理环境的结合点融合。 岛屿生物地理学开拓了物种和景观之间的关系。 议会通过了荒野地行动议程。 雷切尔·卡森出版了《寂静的春天》一书，引发了人类对自然影响的关注。	景观和可持续分析 科学、可定义的土地利用规划过程 保护荒野地的核心区域
关键理念提升期 1970～1980 年	人类和生物圈计划强调核心区域的保护需要缓冲地带的协助。 保护生物学成为一门利用生态学原理维系生物多样性的学科。 保护基金启动美国绿道项目，用于促进全美的绿道和绿道系统建设。 理查德 T·T·福尔曼创建了景观生态学学科。 拉里·哈里斯和里德·诺斯提出了区域保护系统的设计和保护方式。 GIS 成为区域规划的工具。 联合国环境与发展委员会认为，可持续发展要求人口规模和增长与改变的生产潜力生态系统相协调。	需要科学的过程去指导复杂的土地利用规划（考虑了生态特征的规划） 保护孤立的自然区域并不足以保护生物多样性和生态过程 需要有自然区域的连接
强调"连接"期 1990 至今	马里兰州和佛罗里达州致力于州域绿道和绿色空间系统的建设。 荒野地工程启动，用于建立北美荒野地网络系统。 可持续发展部长议会确定了绿色基础设施作为 5 个为社区可持续发展提供综合途径的战略之一。 绿色基础设施的健康增长，是引导土地保护和开发的有效工具。	关注景观规模 理解景观格局和过程 绿色基础设施规划要求确定并连接优先保护区域 分享和基于大众的决策

来源：摘自马克·A·贝内迪克特，爱德华·T·麦克马洪.绿色基础设施——连接景观与社区

（二）可持续的憧憬：可持续发展的重要基础

1. 人类对增长主题的历史梳理

从历史演进过程看，人类对增长的本质及其重点在快速演变，支撑这些增长主题的基础设施建设的重点也随之变化。在人类对增长议题不断演变和探索的进程中，随可持续发展命题的提出，最终提出了绿色基础设施建设。绿色基础设施是人类对增长主题的总结后，必然提出的基础设施发展理念。

2. 可持续发展的基础是自然生态系统的可持续

20 世纪 80 年代以来，人们在实践中不断探索可持续发展的基本理论。我国著名生态学家马世骏、王如松认为可将城市生态系统概括为自然系统、

经济系统和社会系统三大部分。对可持续发展来说，自然系统是基础保证，经济系统是前提条件，社会系统是发展目的，三者的协调发展是城市生态系统可持续发展的基本特点。

3. 绿色基础设施是自然生态系统可持续的重要内涵

绿色基础设施是自然生态系统可持续性的基础。表现在三方面：第一，绿色基础设施是保持生态系统服务的基础。绿色基础设施在抽象的生态系统服务与景观要素之间建立起一座桥梁，人们可以通过可实施的规划途径来保障和维护对人类生存至关重要的生态系统及其服务。第二，绿色基础设施实施的生态工程促进自然生态系统可持续经营。第三，绿色基础设施促进生态化维持自然生态系统可持续。如欧盟 2020 生物多样性战略所述，到 2020 年欧洲将通过建设绿色基础设施，维持和增强生态系统及其服务，并至少恢复已退化生态系统的 15%。欧盟《适应气候变化白皮书》也建议，欧盟应采取基于生态系统方法应对气候变化。

（三）新经济的萌芽：新型经济发展模式

1. 理论假设的突破：对传统经济学的反思

按照西方主流经济学的思想，经济主体都是理性的经济人，一切要素都可以替代，经济决策也不考虑生态系统的价值。这些主要的假设条件，在人们认识到资源、生态的可耗尽、有价值后，发生了转变。新的经济学模式将生态系统纳入经济分析范畴，重视人的生态需求，提倡新的财富观。

2. 欣欣向荣的前景：补贴、补偿、碳市场

向绿色基础设施投资，增加绿色回报、拓展绿色体面就业、延伸绿色产业链条，已成为绿色经济新引擎。对于绿色基础设施的建设和发展，经济学理论认为其正外部性突出，生态价值较高，国家应当提供补贴、补偿。在国家补偿支撑下，推进了市场化进程，经济学家创新性提出生物多样性银行、碳市场、湿地银行等完全市场化的模式，实践中人们也创新提出了狩猎协议、供水协议等自愿推动市场化交易的新模式。

3. 制度和政策体系完善：向绿色基础设施投资的可靠保障

绿色基础设施的建设和发展，不仅仅有上述经济模式的支撑和推动，还具有国际和国家层面法律制度建设、经济计量方法等方面的制度和政策体系，是一种基础相对成熟的经济运行方式。①经济核算和计量制度建设为绿色基础设施"公允价值"测算奠定了基础。如千年生态系统评估（MA）、生态系统服务付费（PES）等。②全球自然资本立法进程为推动绿色基础设施投资、生态服务价值交易提供了依据和保障。全球正在推进的自然资本立法包括前期建设如国家生态系统评估（National Ecosystem Assessments）、制定的国家生物多样性战略和行动计划（NBSAPs），以及地区层面的欧盟第七个环境行动计划

(7th EU Environmental Action Programme)。

综上所述，绿色基础设施是自然生态系统的基础，也是可持续发展的基础，是新兴经济模式，建设绿色基础设施是适应生态文明建设、可持续发展趋势，促进实现绿色包容性增长的生态建设抓手。

（分析整理：赵金成、曾以禹、张多；审定：张利明、吴柏海）

欧美国家绿色基础设施：重点领域及典型案例

欧委会2010年的《欧洲迈向绿色基础设施：把自然2000生态网纳入欧洲广大乡村》、2011年的《绿色基础设施项目设计、实施和成本要素》以及2013年的《绿色基础设施：增强欧洲自然资本》突出强调在农村和城市地区加强绿色基础设施布局。1999年，美国可持续发展委员会发布《可持续发展的美国——争取21世纪繁荣、机遇和健康环境的共识》报告中强调将绿色基础设施确定为社区永续发展的重要战略。美国还提出，绿色基础设施创造健康的城市环境。国际组织方面，联合国人类住区规划署（UN – HABITAT）于2013年4月的《城市脱钩：城市的资源流动和基础设施转型的治理》报告中指出，城市化进程中应加大绿色基础设施建设步伐。

今天，欧美绿色基础设施都已成为国家绿色增长的重要基础和发展方向，林业在绿色基础设施建设中占据主要地位（表1）。美国提出的绿色基础设施包括生境、能源、社区、水和空气（EPA，2013）五大板块，欧盟主要包括森林、湿地、草原、海洋、空气等自然资本以及自然资本的具体形态。

（一）欧盟

——国家生态基础网。欧盟自然2000（Natura 2000）是包括森林、湿地、农业和海洋自然保护区在内的生态网，总面积75万平方公里，保护点遍布所有成员国，超过2.6万个，占欧盟陆地领土的18%。自然2000生态网年经济价值为2000亿~3000亿欧元，每年到自然2000网旅游的游客约12亿~22亿人，每年产生的游憩效益为50亿~90亿欧元。在欧洲，大约440万个就业岗位，4050亿美元的年营业额，直接依赖于维护生态系统服务，其中多数提供服务的生态基础设施位于自然2000生态网内部。

——土地破坏与生态恢复。阿尔卑斯山和喀尔巴阡山地区①的生态走廊建设。该地区是棕熊、马鹿和猞猁的栖息地，交通和农业扩张阻断了生物多样性节点之间的连通。2009 年，欧洲区域发展基金（ERDF）支持在该地区开展为期 3 年的绿色桥梁、关键栖息地建设，总计建设 120 公里的生态廊道。为保证落实计划，将生态网规划纳入了当地土地空间规划中，采集的生态走廊数据也纳入到环境影响评估手册中。

——气候变化与生态工程。英国在亨伯河口湾开展海岸线重造计划，将440 公顷的农业用地恢复为潮汐栖息地，建设沿海洪水防御设施。每年提供防洪效益 465 万欧元，保护野生动物和生态系统服务价值的总效益为 1400 万欧元，成本仅为 1180 万欧元。另外，欧委会研究指出洪泛区森林生态建设，主要是促进增加森林面积，提供多重效益，如净化水质、保持地下水位及防止水土流失等，以及作为减少人类住区洪水风险的"安全阀"。恢复洪泛区森林往往比纯粹的技术解决方案更为低价，如建设水坝和洪泛区水库既需要高昂的一次性建造费用，又需长期维护成本。洪泛区森林恢复措施将河流与毗邻的洪泛区重新连接，确保了欧洲重要物种的栖息地连通性，如水獭、珍稀鱼类和鸟类物种②。

——灾害与湿地。丹麦斯凯恩河（Skjern）洪泛区生态恢复③，流域面积为2450 平方公里④，多数属低洼地，是该国流量最大的河流。从 1960 年开始在河流洪泛区开展大规模农业种植，并建设湿地排水渠、河道等大规模河流改造工程。工程结束后，开始出现地基沉降、河流污染等现象，严重影响了下游环境，招致抱怨。1987 年丹麦国会通过了退耕 2200 公顷土地恢复为草地和湿地的决议，涉及下游 20 公里的河段。恢复工程总计花费 4420 万美元，节省了抽水（目前应对洪灾的一种办法）活动发生的费用 230 万美元，并产生了8460 万美元的其他效益，包括娱乐、生物多样性保护、狩猎、钓鱼。

——国家公园。比利时 Hoge Kempen 绿色国家公园，位于人口稠密的林

---

① 本案例摘自以下两份出版物：德国柏林的生态研究所（Ecologic Institute）的报告《绿色基础设施项目的设计、实施和成本要素》（*Design, implementation and cost elements of Green Infrastructure projects*），P10；欧洲区域发展基金等机构的报告《绿色基础设施：有利于人类和自然的可持续投资》（*Green Infrastructure Sustainable Investments for the Benefit of Both People and Nature*），P26 – 27。

② 本案例摘自欧委会 2013 年的官方报告《绿色基础设施：增强欧洲自然资本》附件（*Green Infrastructure（GI）—Enhancing Europe's Natural Capital*），P4。

③ 本案例摘自欧委会 2013 年的官方报告《绿色基础设施：增强欧洲自然资本》附件（*Green Infrastructure（GI）—Enhancing Europe's Natural Capital*），P5。

④ 本数据摘自《河流生态恢复》http：//wenku. baidu. com/link? url = 8rWrPFRO3fAUPmXtFSLJwL4r8iY7l8d7bfie8Ig4zectUFgr1FhYJ2iHhoatDOqPsNWi2oBiWTBp_ 0di5Evhbq9YbiFjcq6KcmNljOC-mWK。

堡市，2006 年当地非政府组织说服政府建设国家公园。在保护生物多样性的同时创造约 400 个就业岗位，并刺激了私人向这个后工业化地区的旅游投资，游客获得了在煤矿上欣赏生态复苏景观和生物多样性价值的机会。

——城市森林，具体包括绿色屋顶、绿色街巷、城市绿道、城市公园、绿色开敞空间。①城市森林。英国柴郡和默西赛德郡 1994 年发起为期 30 年的默西森林计划，目标是建设凉爽的城市森林，让周边 20% 的居民每周至少来森林一次。已种植 800 万棵树，建设了 6000 公顷新林地和改良的栖息地。②城市绿色廊道网。英国彼得堡①（Peterborough）实施连接栖息地的城市绿色廊道网战略，预计实施期为 20 年，已建设总长 72 公里的城市绿色廊道网，该网络从市中心呈放射状连接现有的和规划建设的栖息地。③绿色屋顶。2008 年 9 月，希腊财政部②在其国库司建筑物上建设绿色屋顶，绿化覆盖面积为 650 平方米，相当于屋顶面积的 52% 和总建筑面积的 8%。热力学研究结果表明，绿色屋顶对该建筑物的热效能产生了积极效应。2009 年 8 月，绿色屋顶导致该建筑物的空调节能达 50%。每年记录的节能总额为 5630 欧元，节省了 9% 的空调费和 4% 的取暖费。除了节能，绿色屋顶还有许多潜在好处，包括控制雨水径流减少城市洪水、提供城市绿地和野生动物栖息地、改善水质、缓解城市热岛效应、延长屋面材料使用寿命及减少声音污染。

——废弃地植被恢复。英国把垃圾填埋场、采石场以及棕色地带③（Brownfields）界定为大型再生地④，规定在这些地区植树造林，作为优先开放游憩区域。研究估计，这项活动实际和预计的成本约为 1.78 亿英镑，而旅游、固碳、生物多样性、美化等带来的价值约为 16.23 亿英镑。

（二）美国

——国家生态基础体系。美国建成了包括面积约 1.05 亿公顷的国家森林体系（system），3800 万公顷的国家保护区体系等在内国家生态体系。这些体系的生态、经济、社会效益突出，已成为国家可持续发展的重要基础。2012 年，美国林务局管理的 7814 万公顷国家森林，为超过 1.8 亿人提供清洁饮用水，其管理的国家森林和草原流域区提供全国饮用水供应源的 20%，平均每年接待游客 1.66 亿人次。林务局国有林休闲旅游每年对美国经济贡献约 130

---

①　本案例摘自英国伦敦水与环境管理特许协会（CIWEM）2010 年报告《多功能的城市绿色基础设施》（*Multi-Functional Urban Green Infrastructure*），P31。

②　本案例摘自欧盟委员会工作文件《区域政策有助于欧盟 2020 可持续增长》（*Regional policy contributing to sustainable growth in Europe 2020*），P31。

③　根据定义，棕色地带指的是被废弃的、闲置的或未得到充分利用的工业和商业设施。

④　本案例摘自欧盟委员会工作文件《绿色基础设施的技术信息》（*Technical information on Green Infrastructure*），P6。

亿美元，游客直接消费，再加上附近经济体的连锁反应，保持了 20 万以上的全职和兼职工作。

——生态走廊。哥伦比亚高原生态走廊建设①。该生态区的原生植被群落严重破碎化，阻碍了植物和动物的移动和适应。人为活动导致 50% 以上的灌木草原被转换为农地，还受到基础设施建设和发展的影响。项目开展景观连接，一方面识别景观完整性（识别人类干扰较低区域之间的生态连接），另一方面识别并最终选定了 11 种重点保护物种（如尖尾松鸡、西部响尾蛇等）。根据重点物种栖息地，考虑其生态连接影响因素，如阻力、栖息地价值、栖息地集中区域和连接网络。

——应对灾害的生态工程。旧金山南湾盐池滩地恢复项目②是美国西海岸最大的潮汐湿地修复工程，总面积 6114 公顷，该计划除了将部分盐滩地恢复成原来的自然感潮沼泽湿地（natural tidal marshes）外，其余部分将改造成可以人工操控管理的生态塘湿地（managed ponds）。以前，这一湿地主要受制盐工业的破坏。制盐工业始于 1854 年，由卡吉尔公司（Cargill）营运，该公司共有五个盐厂。2000 年 10 月，公司计划转变营运方式，卖出其在南湾海岸地区所属 61% 的盐滩地，交由加利福尼亚州（以下简称加州）鱼类及野生动物局等机构管理。目前已完成盐滩湿地保护项目的规划工作，提出三种不同建设方案。目标是恢复原生自然环境、增加湿地面积、加强洪泛管理、增辟公共净水设施，同时为居民提供存在野生生物的自然休闲空间和环境教育基地，主要目标是增强防洪功能，通过扩大水道出水口及重新恢复与平原的连接口等方式，增加当地河流、洪水控制渠道及导洪疏洪能力。

——战略性生境和关键生境保护区。佛罗里达州建设战略性生境保护区，该州渔业和野生动物保护委员会最初在《缩小佛罗里达野生动物生境保护系统的差距》（Cox et al. 1994）的报告中确定了战略性生境保护区（SHCA）。目标是识别"确保佛罗里达生物多样性长期生存所需的"最低土地面积。2006 年，根据新采集的物种数据库以及改进的分析技术（包括空间精确种群生存力（spatially explicit population viability）分析），对战略性生境保护区进行了重大修订。目前，根据规定，在私人土地上识别并建设重要栖息地，保护 30 种陆栖脊椎动物。

---

① 哥伦比亚高原生态区是美国于 2010 年启动的 14 个生态区的快速评估项目中的一个。美国相关部门十分重视环境影响对生态的威胁，为了掌握环境变化对西部生态景观的影响，2010 年推出了关于 14 个生态区的快速评估（rapid ecoregional assessments）。所谓快速是指利用现有数据而不是进行新的研究，进行评估。生态区评估的目的是分析这些景观可能会受到环境变化和土地使用需求的影响。对这 14 个生态区的评估将于 2013 年和 2014 年陆续完成。

② 摘自美国加利福尼亚州保护署出版物 *The South Bay Salt Pond Restoration Project*。

——城市森林，具体包括绿色屋顶、绿色街巷、城市绿道、城市公园、绿色开敞空间。美国城市森林的面积愈1亿英亩（约4049万公顷），产生了很好的效益。一项针对美国5个城市的研究揭示，加州伯克利市的街道树木平均每棵能节约的能源成本为15美元/年，怀俄明州的夏延市是11美元/年。华盛顿特区的城市森林、公园和街道树木覆盖该市面积的28.6%，每年降低建筑能耗265万美元。2006年，美国景观建筑设计师协会将其总部的屋顶建造为绿色屋顶，截留了全年80%的降水，大量减少氮渗入，冬季该建筑物可节约10%的能源消耗，夏季较其他黑色屋顶建筑凉爽5~8℃。

——内陆和海岸湿地。纽约市依靠Catskill-Delaware森林集水区供水。该市目前9百万人的日均清洁水消耗为13亿加仑，其中90%来自Catskill – Delaware森林集水区，过去10年用于保护该片集水区的花费每年约1.5亿美元。假设按照清洁水过滤净化工厂的成本计算，建厂成本60亿~80亿美元，年度运营成本为3亿美元。

——国家公园。黄石国家公园①占地面积约为8983平方公里，其中85%的土地为森林，绝大部分树木是扭叶松。公园内有超过1700多种原生树木和其它维管植物。它还是美国最大的野生动物庇护所和著名的野生动物园，拥有300多种野生动物（包括60多种哺乳动物）、18种鱼和225种鸟。作为绿色基础设施，它最鲜明的特点是内容丰富、景观完整，为人们提供了多元高价值的生态福利。它具有种类丰富的地理、自然、动物景观，不仅可以看到间歇泉、温泉、峡谷、森林、野生动物、甚至亦有广大的湖泊。公园的生态资源十分丰富，游客活动的种类无法一一列举，从山林露营、到钓鱼、泛舟、野生动物观赏（如美洲野牛、大角鹿、马鹿等经常会在游客中心附近出现），许多游客在黄石国家公园都能享受到纪念性的体验。

表1　欧美绿色基础设施主要类型和政策进展

		国家	城市	社区
欧盟	主要类型	自然2000生态网 生态走廊（阿尔卑斯山和喀尔巴阡山地区） 洪泛区森林生态建设（丹麦Skjern河流洪泛区生态恢复） 流域治理（法国Gardon河下游的生态恢复） 海岸生态工程（英国亨伯河口湾海岸线重造管理计划） 生态文化产业和国家公园（比利时林堡省绿色国家公园） 废弃地绿地增长（英国在垃圾填埋场、采石场等地的林地增加计划） 生态旅游和人类健康（英国柴郡和默西赛德郡的默西森林计划）	城市生态廊道 绿色屋顶（希腊财政部国库司） 城市森林 湿地	绿色屋顶 社区林业 公园

① 本案例摘自百度词条。

（续）

		国家	城市	社区
欧盟	政策手段	栖息地指令、鸟类指令和水指令 欧盟 2020 战略和 2020 生物多样性战略 生活基金法规（LIFE + Regulation）、凝聚基金等 第七个环境行动计划 适应气候变化白皮书 欧盟林业行动计划 共同农业政策和共同渔业政策	德国自然保护法案，必须建立至少覆盖领土 10% 的生态网 英国大树厂（the Big Tree Plant）计划 英国栖息地开放政策	英国自然绿地可达性标准 英国林地信托林地可达性标准 爱沙尼亚所有 15 个州和直辖市编制生态网络地图
	主要目标	生物多样性 气候灾害（尤其是海平面上升和洪泛区） 流域水管理和水质净化 生态产业和就业 旅游和人类健康	城市绿地 生物多样性 清洁水 人类健康 节约能源	生态游憩 节约能源
美国	主要类型	战略性生境和关键生境 高原生态区建设（哥伦比亚高原） 海岸湿地恢复（旧金山南湾盐池滩地生态恢复） 生态走廊 国家公园 流域治理	绿色屋顶 绿色街巷 城市森林 河岸缓冲带	雨洪花园 公园 绿道 透水路面 保护绿色开敞空间
	政策手段	清洁水法、清洁空气法、濒危物种法 战略性生境指导手册（渔野局） 流域规划手册（环保署） 流域水质标准（环保署的健康流域倡议：国家框架和行动计划） 关键生境评估和生境影响评估 野生动物使用地保护规划（自然资源保护局）	环保署的绿色街巷计划 西部州长协会关键生境评估工具 纽约绿色基础设施计划	环保署"i-tree"社区林业评估和管理工具 环保署的雨洪花园设计模板 城市和社区林业（林务局）
	主要目标	清洁水 清洁空气 生物多样性 应对气候变化和洪灾 生态旅游	清洁水 雨洪管理 城市景观 节约能源	雨洪管理 游憩休闲 节约能源

资料来源：根据有关官方报告和文件整理而成。

（分析整理：赵金成、曾以禹、张多；审定：张利明、吴柏海）

欧美国家绿色基础设施战略：支持措施

欧美都已打下了良好的基础，形成了有力的支撑体系，如欧盟形成了绿色基础设施战略指导思想（欧盟 2020 战略）、法律基础（栖息地指令、鸟类指令、水指令等）、专门基金（如凝聚基金、生活基金等）、政策推动（如绿色基础设施纳入规划政策、共同农业政策、财政政策等），以及专业化的工具手册（如英国生态城镇绿色基础设施设计标准①、大树厂计划、规划政策指南（哥本哈根的绿色屋顶规定）。欧美国家的主要支持措施包括：

（一）财税金融政策

欧美根据各种绿色基础设施发挥的功能，设计了针对性的税、费及金融工具，同时除政府部门的专业机构，还有保护基金、公共土地信托等资金和项目促进机构，共同形成全面的财税金融支撑政策。①雨洪调节费（stormwater fee）。费城的雨水费根据雨洪处理形势适当调整收费，资金最终用于雨洪花园、排水设施、水处理工厂建设。②债券（bond）。美国北卡罗来纳州首府罗利，因建设全美第一个综合性绿道系统闻名，目前该州有 30 万人口，公园面积 3700 公顷。该州公园、旅游和文化资源局通过选民投票债券获得收入，2011 年利用选民投票通过的交通债券（transportation bond）建设了 28 段总长 160 公里的"首府地区林荫道系统"（Capital Area Greenway System）。③开发评估和影响费（development review and impact fees）。美国堪萨斯州那雷萨市通过系统开发收费（systems development charge）对开发项目征收一次性费用用于生态、水资源恢复项目的建设。④专项税费（dedicated taxes and fees）。弗吉尼亚州的费尔法克斯县征收财产税用于支持雨洪处理。⑤贷款和赠款。⑥私人赞助。⑦税收减免或优惠。美国费城对屋顶覆盖植被率不低于 50% 的建筑提供最高达 10 万美元的税收优惠。⑧许可证激励（permitting incentives）。如美国芝加哥为促进河岸绿色缓冲带建设，更快捷（少于 30 天）且以更低价格发放许可证。欧盟也推出了支持绿色基础设施的财政基金，以及市场化融资手段，包括凝聚基金、区域发展基金、生活基金等。

（二）法律法规

欧盟在法律层面的栖息地指令、鸟类指令、水指令等，都明确了成员国

---

① 参见自然英格兰（Natural England）的报告《绿色基础设施的重要作用：生态城镇绿色基础设施工作表》（*The Essential Role of Green Infrastructure：Eco-towns Green Infrastructure Worksheet*）。

建设绿色基础设施的要求。成员国层面，如《英国自然绿地可达性标准》，以及英国林地信托提出的林地可达性标准，要求居住地 500 米内应至少有一个面积 2 公顷的林地，4 公里范围内应至少有一个面积为 20 公顷的林地。

2009 年 12 月，美国参议员 Donna F. Edwards 等提出了《2009 促进清洁水质的绿色基础设施法案》，建议在全美成立五个绿色基础设施建设中心[1]（centers of excellence），投资绿色基础设施并为地方政府和社区提供资金，同时增强和扩大绿色基础设施项目。该建议界定了绿色基础设施的定义，并规定了资金的接受方，同时要求提出绿色基础设施投资组合标准。

（三）管理技术工具

欧美促进绿色基础设施政策和管理工具比较齐全，具备良好的实施基础。美国在分区规划中首先纳入绿色基础设施（首先纳入园林绿化、缓冲区、树木），再进行布局规划评估；雨洪花园设计指南（如纽约州雨洪管理设计手册）；市级绿色街道政策（如波特兰 2007 年开始采取的绿色街道政策）；战略性生境建设的指导手册；湿地和流域生态建设的流域规划手册；绿色空间保护计划（如健康流域倡议国家框架和行动计划、大湖区恢复倡议）。欧盟也如此，如专业化工具手册，英国生态城镇绿色基础设施设计标准、大树厂计划、规划政策指南（绿带）；哥本哈根的绿色屋顶规定。

（分析整理：赵金成、曾以禹、张多；审定：张利明、吴柏海）

---

[1]　中心的工作是进行研究、开发材料、提供信息和技术援助，并与利益相关者合作，促进培训，评估政策和监管问题，协调支持绿色基础设施的规划和实施。

加快绿色脱贫

联合国报告：重视林业消除全球饥饿

5月6日，联合国森林合作伙伴关系（CPF）和国际林联（IUFRO），在联合国总部举行《保障粮食安全和营养的森林、树木及景观：全球评估报告》（*Forests, Trees and Landscapes for Food Security and Nutrition A Global Assessment Report*）新闻发布会。这份报告由世界上60多位著名科学家合作撰写，是迄今为止探讨森林、粮食和营养之间关系最全面的一份科学报告。

全球人口预计于2050年超过90亿，粮食安全和营养问题，将成为政策制定者对编制联合国2015年后发展议程关注的一大焦点。尽管全球正在扭转营养不良状况，但目前营养不良几乎影响到世界上每一个国家，并且仍有8.05亿人口处于营养不良状态。全球有1/9的人口正在遭受饥饿的威胁，其中大部分人生活在非洲和亚洲。

虽然各方都承认传统农场在提高生产率、满足人们食物需求方面做出的伟大贡献，但越来越多的证据显示，传统的农场模式并不能消除全球饥饿，它导致了缺乏营养的不平衡饮食、脆弱群体难以承受高昂的食品价格，以及集约农业模式带来严重的生态后果。同时，有相当多的证据表明，森林和树木可以为粮食安全和营养提供有益的补充。世界上的森林可以作为潜在的资源，帮助改善这些人的营养状况，确保他们获得生计。一方面，森林能作出直接贡献，主要表现在：森林能直接提供食物，木质燃料可以做饭，森林和树木可以在歉收季节和风险季提供更多的食品消费选择(特别是针对边缘化群体)。据估计,目前约 12 亿~15 亿人(约全球人口的 20%)都依赖森林,其中包括约 6000 万完全依赖森林的原住民。全球消费的水果的 50% 来源于树木(2013 年)。另一方面,森林能作出间接贡献,主要表现在:提供收入支持生计、提供广泛的生态系统服务支持作物生产。世界上 1/6 的人口直接或间接依靠森林作为食物和收入来源。森林能减少水流失、土壤侵蚀和养分流失,所有这些功能都对粮食生产系统起到关键作用。森林是植物和动物多样性的中心,对粮食安全至关重要。

但全球森林损失和退化加剧了粮食不安全问题,一方面直接影响到水果和森林食物的产量,另一方面间接通过改变支持农业生产的生态状况,影响到作物和畜牧的产量。最近的模型研究表明,1981~2003 年,全球陆地的 24%(有 15 亿人口生活)被划分为退化土地。而且,在这些退化土地上,农田和森林的分布严重失衡,这直接影响到植物的净初级生产力①(net primary productivity),并对依赖森林景观获取粮食的人群产生影响。

负责编撰报告的"森林和粮食安全问题全球森林专家小组"主席巴斯卡尔·维拉表示,森林在构筑粮食安全方面发挥着关键作用,"森林食物通常在粮食短缺时期提供一个安全网。森林和树木可以作为农业生产的补充,特别是在世界最脆弱地区可以为提高当地人民的收入做出贡献。"

(摘译自:Forests, Trees and Landscapes for Food Security and Nutrition A Global Assessment Report;编译整理:赵金成、曾以禹、张多;审定:张利明)

联合国可持续发展峰会解读:体现国际社会发展林业以消除贫困、改善生态实现全面平衡发展的重大关切

峰会成果文件《改变我们的世界:2030 年可持续发展议程》,是一份聚焦未来 15 年全球发展问题的政治文件。联合国为了延续将于 2015 年底到期的千年发展目标,在 2010 年启动了 2030 年可持续发展议程编制进程。文件历经 4 年多的努力,于去年 8 月提出 17 项可持续发展目标,今年经过多次政府

---

① 净初级生产力是指绿色植物利用太阳光进行光合作用,即太阳光 + 无机物质 + H_2O + $CO_2 \rightarrow$ 热量 + O_2 + 有机物质,把无机碳(CO_2)固定、转化为有机碳这一过程的能力。

间谈判，反复征求各方意见，在今年 8 月基本达成共识，形成草案，提交本次峰会通过。这次峰会及其成果文件，反映出国际社会对未来可持续发展形成的共识，体现了国际社会发展林业、保护生态、消除贫困、促进经济、社会和生态全面平衡发展的重大关切。

一、峰会成果文件的主要内容

《改变我们的世界：2030 年可持续发展议程》包括序言、宣言、可持续发展目标和具体目标、执行手段和全球伙伴关系、跟进和审查等部分，核心内容如下：

（1）序言 本议程是为人类、地球（生态系统）与繁荣制订的行动计划。消除贫困，是世界最大的挑战。17 项可持续发展目标和 169 个具体目标是一个整体，不可分割，并兼顾了可持续发展的三个方面：经济、社会和生态。

（2）宣言 决心采用统筹兼顾的方式，从经济、社会和生态这三个方面实现可持续发展。决心从现在到 2030 年，永久保护地球及其自然资源。当今，自然资源的枯竭和生态系统退化产生的不利影响，包括荒漠化、干旱、土地退化和生物多样性丧失，使人类面临的各种挑战不断增加和日益严重。各种维系地球的生物系统的生存受到威胁。新目标将在 2016 年 1 月 1 日生效，是今后 15 年内做决定的指南。我们确认，社会和经济发展离不开对地球自然资源进行可持续管理。因此，决心保护和可持续利用海洋、淡水资源以及森林、山麓和旱地，保护生物多样性、生态系统和野生生物。

（3）可持续发展目标和具体目标 提出了 17 项可持续发展目标及 169 项具体目标。17 项目标见文本框 1。

文本框 1

可持续发展峰会成果文件通过 17 项发展目标

目标 1 在全世界消除一切形式的贫困
目标 2 消除饥饿，实现粮食安全，改善营养和促进可持续农业
目标 3 让不同年龄段的所有人都过上健康的生活，促进他们的福祉
目标 4 提供包容和公平的优质教育，让全民终身享有学习机会
目标 5 实现性别平等，增强所有妇女和女童的权能
目标 6 为所有人提供水和环境卫生并对其进行可持续管理
目标 7 每个人都能获得价廉、可靠和可持续的现代化能源
目标 8 促进持久、包容性的可持续经济增长，促进充分的生产性就业，促进人人有体面工作
目标 9 建设有韧性的基础设施，促进包容性的可持续工业化，推动创新
目标 10 减少国家内部和国家之间的不平等
目标 11 建设包容、安全、有韧性的可持续城市和人类住区
目标 12 采用可持续的消费和生产模式
目标 13 采取紧急行动应对气候变化及其影响

> 目标 14　养护和可持续利用海洋和海洋资源以促进可持续发展
> 目标 15　保护、恢复和促进可持续利用陆地生态系统，可持续地管理森林，防治荒漠化，制止和扭转土地退化，阻止生物多样性的丧失
> 目标 16　创建和平、包容的社会以促进可持续发展，让所有人都能诉诸司法，在各级建立有效、可问责和包容的机构
> 目标 17　加强执行手段，恢复可持续发展全球伙伴关系活力

（4）执行手段和全球伙伴关系　　主要就未来可持续发展议程及其具体目标的执行过程和实现程度进行详细论述。

（5）跟进和审查　　主要就未来可持续发展议程及其具体目标的执行和落实的审查进行论述。

二、峰会成果文件与林业生态建设和保护的关切

虽然一些人士认为《改变我们的世界：2030 年可持续发展议程》关于林业和生态的内容反映不足。但从当今社会多元化需求、全面平衡发展的发展理念来看，林业内容在峰会成果文件中已经得到了比较充分的体现，表现出国际社会对发展林业、保护生态、消除贫困、多元平衡发展的共同关切。

一方面，这一政治文件对以前的"千年发展目标"作出拓展和升华，单独设置生态系统保护目标 15，倡议促进经济、社会和生态全面平衡发展。林业内容集中体现在 2030 年可持续发展议程的目标 15 中（文本框 2），反映出国际社会对发展林业以消除贫困改善生态促进多元平衡发展的关切。这是因为，千年发展目标的深刻教训——单一领域的目标和措施无法带来可持续的系统性改变。必须寻求经济、社会和生态整合，并促进这些目标系统平衡发展。国际社会就人类现代发展模式问题达成共识，即经济可持续增长、社会更加包容、重视保护生态，三者高度融合、缺一不可。

另一方面，林业内容也事关 17 项目标的其他 16 项目标的实现，在关于粮食安全的目标 2、水安全的目标 6、能源安全的目标 7、就业安全的目标 8.防灾减灾的目标 11、应对气候变化的目标 13 以及其他目标，林业发展都息息相关。

综合上述两方面，生态建设和保护已成为未来 15 年可持续发展的要求和基本内容之一，并且生态建设和保护直接关系到其他目标的实现，关系到人类未来 15 年的生存和福祉。本次峰会将生态保护纳入到国家发展战略的高度，开启了全球生态保护的新时代。

文本框2

林业内容单独设置，集中、完整体现在联合国可持续发展峰会成果文件中

目标15　保护、恢复和促进可持续利用陆地生态系统、可持续管理森林、防治荒漠化、制止和扭转土地退化现象、遏制生物多样性的丧失。

15.1　到2020年，根据国际协议规定的义务，确保保护、恢复和可持续利用陆地和内陆的淡水生态系统及其服务，特别是森林、湿地、山区和旱地。

15.2　到2020年，促进所有森林类型的可持续管理；停止毁林、恢复退化的森林，并在全球可持续增加植树造林和重新造林。

15.3　到2030年，防治荒漠化、恢复退化的土地和土壤，包括受荒漠化、干旱和洪涝影响的土地，并努力建立一个不再出现土地退化的世界。

15.4　到2030年，确保保护山区生态系统，包括其生物多样性，以加强其产生惠益的能力，这对可持续发展至关重要。

15.5　采取紧急和重大措施，以减少自然生境退化、遏制生物多样性的丧失，在2020年之前，保护和防止受威胁物种的灭绝。

15.6　根据国际协议，确保公正和公平分享利用遗传资源所产生的惠益，促进适当获取这类资源。

15.7　采取紧急行动，制止偷猎和贩运受保护的动植物种群，解决非法野生动植物产品的供需问题。

15.8　到2020年，采取措施防止引进并显著减少外来入侵物种对土地和水生态系统的影响，控制或消除优先保护物种。

15.9　到2020年，把生态系统和生物多样性价值纳入国家和地方规划、发展进程、减贫战略和账户。

15.a　从所有来源调集并大大增加财政资源，以保护和可持续利用生物多样性和生态系统。

15.b　从所有来源和各个层面调集大量资源，为可持续森林管理提供资金，并向发展中国家提供适当激励以推动这方面的管理，包括促进保护和重新造林。

15.c　加强全球支持的力度，努力打击偷猎和贩运受保护物种行为，包括增强地方社区的能力，以实现可持续生计。

（编译整理：赵金成、曾以禹、张多；审定：张利明）

增强应对自然灾害

联合国粮农组织：亚洲建设
防护林有力预防山体滑坡

　　最近，联合国粮农组织发布的《森林与山体滑坡》(*Forests and Landslides*)报告中指出，根深的树木和灌木可加固土层，提高排水能力，从而减少表层、快速流动的滑坡的发生。密集的根系发挥蒸腾作用，减少了土壤水分的含量，从而降低滑坡风险。森林形成了一道天然屏障，有助于减缓泥石流和落石。研究表明，较完整的森林集水区一般很少发生滑坡。

　　亚洲的坡地尤其是缺乏适当预防措施的坡地，极易引发滑坡。容易引发侵蚀和坡地不稳的行为包括伐木、交通建设和林地用途转变。由于道路建设通常与农林业活动同时进行，所以与其他的土地使用形式相比，道路造成的滑坡一般比未开发的坡地高出两到三个数量级。在亚洲大部分农村地区，山地上建设公路时往往不注意有效的工程标准，经常诱发山体滑坡。

　　亚洲各国都非常重视防护林在减少山体滑坡中的作用，包括防止侵蚀、保护水资源。日本、印度尼西亚、不丹、老挝、越南和东帝汶是亚洲易发生滑坡的国家，这些国家大部分地区都建立了防护林。中国、印度、尼泊尔、巴基斯坦、菲律宾、斯里兰卡和泰国也是滑坡高风险国家，但这些国家的防护林仅占总森林面积的小部分。韩国、马来西亚、缅甸、朝鲜和文莱，滑坡风险也很高，虽然林地总面积大，但是防护林面积较小。中国、韩国、缅甸、泰国和越南，过去的 20 年防护林面积显著增加。

森林对坡地的影响有两面性，这取决于综合因素。实证研究显示，森林基本上产生积极的作用，与其他土地使用形态相比，天然林对坡地的保护程度最高。

虽然植被在预防滑坡方面发挥了积极的作用，但也存在一些削弱森林保护作用的负面因素，如野火、力学因素风荷载和水文因素。

（摘译自：Forests and landslides：The role of trees and forests in the prevention of landslides and rehabilitation of landslide-affected areas in Asia；编译整理：赵金成、曾以禹、张多；审定：张利明）

森林和树木在全球防灾减灾中的作用：总体形势

2005～2014 年的 10 年间，全球共有约 70 万人死于自然灾害，有 17 亿人受到灾害影响。从大规模的热带风暴到严寒酷暑、极端雨雪天气、超量降水，这些灾害在很长时间内持续对经济、社会产生重大影响。2014 年全球发生 226 起自然灾害，一半以上发生在亚太地区，造成 6000 多人死亡，7900 万人受影响，并给所在地区造成约 590 亿美元的经济损失。2005～2014 年发生灾害数量最多的 10 个国家中，中国以 286 起居第一位。

不幸的是，各种风险因素交织在一起，加剧了灾难带来的损失。人们目前还未能充分评估生态环境退化、气候变化、贫困和不平等、治理不善、城市化过快等交织在一起的风险因素，从而使社会变得更加脆弱，在灾难来临时承受更大损失。2013 年登陆菲律宾的台风"海燕"造成了严重后果，使人们认识到在加强灾害应对能力的同时也要处理这些潜在的风险因素。

更为严重的是，2014 年政府间气候变化专门委员会报告《影响、适应和脆弱性》，敲响了警钟。证据表明，气候变化正影响自然界和人类社会，对人类健康、生态系统、基础设施、农林业构成重大威胁。在 2005～2015 年兵库行动框架中列出的五项减少灾难风险的重点行动上，一些国家已经付诸实施并取得了长足进步。如加强了体制建设和立法，风险区管理更加完善，早期预警更加快速。但由于潜在的危险因素并没有消除，灾害发生的风险还在上升，形势十分严峻。

正是在这种风险交织的背景下，更要认识到森林的重要作用。森林通过涵养水源、保持水土、减少洪水和山体滑坡，可以有效应对自然灾害。森林和树木提供的生态服务功能在很大程度上惠及了人类、社会和经济。生态服务功能在有效的管理体系下，可以帮助解决自然灾害引发的一系列难题。

但是，森林本身也越来越多地受到各种风险和灾害的影响，如风暴和野火。2000 年，共有 3.5 亿公顷的土地发生火灾，导致植被覆盖度减少从而增大了土壤侵蚀、滑坡、洪水等次生灾害发生的危险。火灾对人类健康、生命安全以及生物多样性造成了影响，但甚少有国家系统地考虑野火引起的经济和社会损失，也很少有国家将野火的实际规模调查清楚。据 FAO 根据 Sukhdev 于 2010 年的研究估计，目前，全球范围森林受灾损失和森林退化导致的经济损失，大约在 2 万亿美元到 4.5 万亿美元之间。[①]

应高度重视健康森林在应对灾害风险中的作用，减少灾害风险的世界会议（WCDRR）于 2015 年 3 月在日本仙台召开，作为 2015 年后框架下的减灾会议，提出要在防灾减灾领域加强行动。

努力实现上述框架下的要求，须建立一套完善的政策并付诸高效行动。在防治洪水、干旱、滑坡等极端灾害中，植入更加先进的科学理念、发挥森林生态系统积极作用、进一步加强森林管理、保护生物多样性。要投入资金确保森林发挥生态服务功能，也要投入资金到生态教育事业中，提高人民对灾难的认识和应对能力。要强化预防措施和早期预警系统以应对各种风险的发生。

联合国正在协助各国制定土地利用和森林管理方案，这些方案应当体现综合性的风险管理方法和灾害应对能力。应将植被的抗灾能力作为五项战略指标之一。2015 年后框架下的减少灾害风险会议对可持续发展目标（SDGs）和未来气候变化协议产生至关重要的影响。在这些框架下保持政策的一致性，并强化实施各项措施、形成监督机制至关重要。

值得指出的是，森林和树木防治灾害的功能只是一方面，森林还通过固碳减缓气候变化。有效的森林管理能降低森林退化和火灾的风险，以此遏制潜在损失。加强森林资源管理能促进全球议程的连贯性、保障政策的可实施性、降低自然灾害的发生几率。

（分析整理：赵金成、曾以禹、张多、陈串；审定：张利明）

---

① 资料来源：*The Critical Role of Trees and Forests in Disaster Risk Reduction.*

美国：林业增强应对飓风和洪水灾害的国家应变力和恢复力

在美国，洪水和飓风带来严重破坏，据估计，1960～2009 年两者导致的损失为 3260 亿美元（以 2013 年的美元价计）。2005 年和 2012 年的飓风季，包括飓风卡特里娜和桑迪，造成 1500 亿美元的损失。卡特里娜摧毁 35 万个家庭住宅，比美国历史上任何灾难造成的破坏数的 12 倍还要多。洪水也是一大危害，其占美国联邦政府宣告的自然灾害数的 2/3。2013 年，在科罗拉多州的圆石市（即博尔德县），连续 5 天的致命洪水损坏近 4000 座房屋，造成超过 10 亿美元的损失。

提高应对飓风和洪水的应变力和恢复力，已成为政府制定政策时优先领域。在各种应对战略中，基于自然生态系统的应对方法的优势逐渐凸显，通过对湿地、红树林等生态系统进行保护和恢复，在减缓灾害方面不仅具有当前效益，更具长远效应。

一、三个典型案例

近年来，美国许多地方政府在飓风、洪水灾害后反思总结，坚持走认识自然、基于保护和恢复生态系统应对自然灾害的和谐之道，有效增强了应对灾害的复原力。

纽约州挽救正在消失的景观：应对飓风"桑迪"的湿地修复

在距离喧嚣繁华的曼哈顿 10 多英里的地方，静静地躺着物种丰富的牙买加湾，它是国家公园局管理的国门国家休闲区（Gateway National Recreation Area）。这里占地 2.6 万英亩，栖息着 335 种水禽和水鸟、35 种蝴蝶、80 种鱼类和许多其他野生动物。

但是，该区域长期以来承受巨大的社会、经济压力。污水排放、垃圾填埋和资金短缺，海域被大片污水包围，曾经是世界上受氮污染最严重的区域之一，大片的湿地和野生动物栖息地逐渐消失。盐沼湿地丧失的速度似乎加快了海平面上升。如果不加快恢复该地区的盐沼湿地栖息地，国门国家公园可能在短短几十年中完全消失。

事实上在桑迪飓风之前，政府已意识到该海湾的盐沼岛屿的退化比 20 世纪任何时候都要复杂，一个由联邦、州、当地机构构成的复杂网络已经达成一致，利用从纽约港疏浚而来的泥沙，积极重建海湾中退化最严重的几个岛屿。具体措施是利用工程弃土填升逐渐消失的滨海湿地，当海岸带抬升到一定高度，在浅海区域修建缓坡状湿地，湿地建好后在上面种植先锋植物进而恢复湿地植被，可以减弱海浪冲击、促使泥沙沉积、保护海滩，同时也可以为生物提供新的栖息地。

项目的运行程序是通过上述措施首先恢复 150 英亩的盐沼湿地，修复工作由国家公园局、陆军工程兵团等部门合作实施。迄今为止，恢复的 150 英亩湿地已经使用了大量的疏浚物并种植了上百万种沼泽植物。在"桑迪"来临时，这块湿地被证明具有很好的适应力，没有遭受任何明显损失，还帮助减轻巨浪破坏。

加州防洪堤的反思：保护和恢复自然生态系统实现双赢结果

加州通过建设防洪堤应对洪水灾害已具有很长的历史。在 Yuba 县，早在 1800 年，三大河流 Yuba、Bear 和 Feather，一方面作为重要的水资源，另一方面却也产生肆掠家园的破坏性洪水。自从那时起，该地区沿着农田和村镇修建了大量的防洪堤。

1986 年 Yuba 河上的堤段溃决，导致 4000 个家庭的住宅被破坏，带来 2200 万美元的损失。之后，陆军工程兵团花费上百万美元重新修缮和增强该县的堤坝。但是，洪水风险依然没有缓解。1997 年，Bear 和 Feather 河流的堤段溃决，淹没了 1000 英亩的住宅区、15500 英亩的农田和 1700 英亩的工业用地，导致了 3 亿多美元的损失。

这次事件后，几个社区坐下来重新反思应对洪水的明智方法。新的措施出台，一方面，继续加固堤坝，另一方面，修建"缓冲区"，它为河流预留绿色空间（room for the river），这些空间由天然洪泛区和栖息地组成。这些项目充分利用河滩的自然吸收和容纳功能，减轻防洪水库的库容压力，减少防洪水库的运行成本。

项目在 Bear 和 Feather 河的交汇处修建了 9600 英尺的洪泛缓冲区，与 600 英亩的易受洪灾的农田连接起来。这片恢复的河岸缓冲区成为支持鱼类和野生动物的草原栖息地，提供各种休闲机会，并有助于减少附近农田作业产生的污染物流入河流。

路易斯安那州应对飓风"卡特里娜"：打造湿地、防洪堤和防护林立体式防御的沿海防护规划

2005 年的飓风卡特里娜对路易斯安那州的新奥尔良市带来严重破坏。根据美国官方估计，大约有数千人在飓风侵袭中丧生，经济损失高达 260 亿美元以上。而据国际风险评估机构估计，"卡特里娜"飓风至少毁坏了 15 万处产业，损失金额在 250 亿～1000 亿美元之间，成为美国有史以来经济损失最大的一次自然灾害。

尽管科学家均对人工防洪技术的力量给予高度评价，但也指出，在控制洪水方面，大自然至少与工程师一样具有同样的威力。在人们学会建造大坝、水门之前，沿岸岛屿湿地是防御危险大潮的主力。当然，现在这些岛屿往往沦为人类沿海开发的牺牲品。人永远不能控制大自然，最好的方法就是去了解大自然的内在规律，让其为我所用。

灾害后，该州一方面加强建设造价高达 11 亿美元长度达到 1.4 英里的海堤（seawall）。另一方面，着力重点恢复湿地和滩涂缓解飓风影响。2012 年，州政府提出了沿海总体规划（CMP），包含 109 个项目。如果全面实施，沿海总体规划恢复工程将耗资高达 250 亿美元。与"卡特里娜"造成 1080 亿美元的损失相比，这个成本并不高。而且这些工程还提供了沿海健康森林、沼泽的优美景观，有效地减少了风险、保护了社区。

二、五条基本经验

美国联邦和州政府坚持五条基本经验，有效促进认识自然、基于自然的应对灾害方法。

提高对自然生态系统保护和恢复的投入

增加对保护、恢复自然生态系统的资金投入，是美国缓解自然灾害的一项重要手段。国会已日益意识到对自然生态系统进行投资的重要性，其可以显著缓解洪水、飓风等灾害的影响。目前用于防治洪水、飓风的投资预算为 500 亿美元以上，其中自然生态系统保护和恢复项目在进行严谨的成本效益分析后，可以申请获得该资金支持。

对生态系统的资金投入具有显著的生态、经济和社会效应。如对密西西比河上游水域开展的湿地恢复工程，总恢复面积为 1300 万英亩，其产生的蓄洪能力可以抵御 1993 年特大洪水；新泽西州的淡水湿地因其抵御洪水、风暴和其他灾害的能力，每年可为联邦政府节省 30 亿美元。

完善法规保护湿地和水域，提高对洪水、飓风的应变力

国家出台的多项法规，都对自然生态系统给予有力保护。如 2014 年，美国提出《清洁水法》修订建议，这份提议是近期历史上保护湿地、水源及其他自然基础设施的最重要的政策措施，可提高对洪水、飓风等自然灾害的应对弹性。

开发项目以保护自然生态系统为前提

美国十分重视避免开发项目对生态系统造成负面影响。如 2007 年颁布了《水资源开发法》，要求所有的水开发项目须以保护自然生态系统服务为前提。法规提出了新规则，项目开展前须充分考虑生态系统服务价值，识别风险和不确定因素，如极端天气、海平面上升等。

减少二氧化碳的排放缓解极端天气威胁

采取积极措施减少二氧化碳排放是缓解洪水、飓风等灾害的关键。科学家认为只有将全球气温控制在工业革命前水平的2℃以下，才可能拥有安全的生存环境。联邦政府为此制定了二氧化碳排放收费机制。碳收费提高了能源利用成本，增加了家庭和企业的运行成本，为此，提出了发展清洁能源的目标。林业生物质能源作为重要的可再生清洁能源，将发挥关键作用。

建立处理应急事务的事件指挥系统

美国的突发事件指挥体系起源于1970年的加利福尼亚森林大火，这次大火摧毁了加州森林火灾防护体系，数以万计的居民流离失所。灾难后，政府认识到抑火活动需要在跨部门跨区域间进行协调合作等诸多问题，如各机构组织结构不同、责任机制不同、通讯无线广播频率不同等，易导致救援行动的低效混乱。

为提高合作效率，林务局建立了应急事件指挥系统（ICS）。该系统由行动、计划、后勤和财物/管理四部分组成，除非责权经过授权，否则指挥官负全部责任。由于ICS的结构相当有弹性，大小可随需要不同而改变，逐渐被应用到一些非火灾应急事件中，如洪水、地震、恐怖袭击、执法行动、管辖范围或牵涉多部门的灾害、大面积的搜索及救援行动等。美国法律允许林务局与其他国家的国际间合作，促成了ICS的全球化，目前已有多国采用了该体系，包括加拿大、澳大利亚、墨西哥、新西兰等。

（分析整理：赵金成、曾以禹、张多；审定：张利明）

澳大利亚"黑色星期六"的反思：实施"人、生态、家园和经济"四大要素的灾后复苏计划

澳大利亚地属南半球，森林植被以桉树为主，桉树易燃，并易产生飞火，很难扑救。2009年2月7日，澳大利亚维多利亚州发生山林大火，共造成173人死亡，2000多间房屋被损毁，烧毁了16.85万公顷的土地，澳大利亚政府宣布这一天为全国哀悼日，这一天也因此被称为"黑色星期六"。

过度砍伐森林点燃连续高温天气引发的火灾

墨尔本大学和澳洲国立大学（ANU）的科学家们检查了成千上万张黑色星期六大火燃烧的树木的照片。他们发现，大火发生前几十年里的砍伐加剧了

这场致命的火灾。

他们警告称，森林被砍伐后，其引发火灾的危险期会持续 70 年，火灾发生的高峰期在砍伐后 10～50 年之间。领导此项研究的澳大利亚森林生态顶级科学家 David Lindenmayer 教授称，砍伐增加了森林大火的发生危险，而大火对那些被砍伐地区的影响明显更为显著。

初步估计表明，被砍伐地区的森林火灾的严重性比原始森林要高出 25%。"这一增加的严重性足以使人丧生，并且显著增加对财产和森林的破坏性。"

加强灵活科学的森林管理是应对灾害的明智选择

有观点认为，缺乏对森林合理的规划管理，是这次大火蔓延的重要原因之一。部分环保人士打着环保旗号限制森林管理，是火灾造成重大损失的原因之一。一些人坚持所谓"环保至上"原则，提出"不允许砍一棵树"，阻止合理的森林规划、改造和开发。林业部门计划在森林里开辟防火道，但伐木工人和机械刚上山，环保人士已爬上树枝做"巢"过夜，以死相逼，使防火计划泡汤。

有专家指出，在连绵不绝的森林中开辟一块块空地，既可以有效阻隔山火蔓延，又可为居民和野生动物提供躲避森林大火的安全地带。因此，应有规划、有目的地在森林茂密地区修建宽阔的隔离带和蓄水池，稀释森林密度，这样大火即便发生，也相对容易控制，不会因大面积蔓延带来巨大人员伤亡和财产损失。

实施"人、生态、家园和经济"四大要素的灾后复苏计划

森林火灾导致 7000 多人无家可归，火灾过火面积达到 40 万公顷，灾后重建工作任务艰巨。

为了从灾害中迅速恢复，维多利亚州山火重建和复苏管理局提出围绕"人、生态、家园和经济"四大要素开展恢复工作的计划。建立了灾后重建基金，政府出资 1.17 亿元，社会团体将捐赠 2000 万元，维州森林山火援助基金会贡献 5600 万元。山火重建和复苏管理局负责人表示，这 1.93 亿资金将被投入到社区重建计划的 900 个目上，包括学校、体育场馆、社区中心和旅游胜地。史蒂文森瀑布就是在灾后迅速恢复的典范。

如今，瀑布游览区入口处的导游牌上这样写道：2009 年 2 月黑色星期六的大火席卷、吞噬了整个史蒂文森山谷，毁灭了游览设施与森林。事实上，仅仅五年功夫，史蒂文森瀑布游览区就已经治愈了大火的创伤，基本恢复了原貌。来到史蒂文森瀑布游览区，只见满山郁郁葱葱的森林，清澈见底的潺

潺流水，啾啾鸣鸟、沁人花香。

汲取惨痛的教训

澳大利亚有关部门和组织发起设立"山火博物馆"，以警醒世人，避免悲剧重演。博物馆不仅有纪念和展览的内容，还可以集培训、教育、科研等多功能于一体。大火发生后，原总理陆克文提议建立一个紧急预警系统，当山火来临时，给发生山火地区的居民的手机和座机发送预警信息，以便及时通知居民逃生，避免类似的悲剧再次发生。此外，维州政府考虑修改过去的防火条例。

（部分内容摘自：http：//news. xinhuanet. com/world/2009-02/15/content _ 10823195. htm，http：//www. ln. gov. cn/zfxx. ./yjgl/yjyj/201407/t20140701 _ 1362381. html；摘编整理：赵金成、曾以禹、张多）

菲律宾超级台风"海燕"：林业助力重建绿色家园

2013 年的超级台风"海燕"给菲律宾带来严重破坏后果，这场灾难夺走了近 1 万人的性命，共有 41 个省份至少 970 万人受灾。为了尽快从灾难中恢复，菲律宾政府、联合国粮农组织等国际机构共同努力，采取的林业应对措施卓有成效。

利用风倒木低成本重建绿色家园

虽然林业不是灾害第一位需求，但 4000 多万棵风倒木（椰子树）可提供约 1000 万立方米的木材，可以作为建造灾后临时住房和安置场所的原材料。事实上，菲律宾椰子管理局（PCA）和联合国粮农组织早在 20 世纪 70 年代就已启动椰子树木材加工研究项目。这一项目为尽快恢复绿色家园提供了有力的技术支撑。到 2014 年 8 月，椰子管理局（PCA）已经加工了 200 万棵倒在农场、田野里的椰子木。另外，联合国开发署等组织帮助建立了 10 万家移动锯材厂专门处理风倒木，并培训了 1800 名木匠[1]。为鼓励林业重建家园，政府还出台了支持措施，规定无论是人工林还是天然林，只要是台风中被吹倒的树木，都可以进行利用（暂时停止"天然林禁止任何形式的采伐利用"的法

---

[1]　参见联合国开发计划署出版物《亚太地区发展成就 2013 - 2014》，P51。

令）。

优选抗台风树种加强沿海防护林体系

许多人指出，"海燕"在菲律宾的肆虐，是过去几十年肆意砍伐森林导致其对台风的抵御力极其脆弱。另一方面，树种单一化、树种抵御力脆弱也是导致菲律宾沿海防护林不堪一击的重要因素。许多照片表明，在重灾区的海岸线，几乎没有防风林，房子几乎全都直接搭建在海边沙滩上，仅看到了几棵稀稀拉拉的椰子树。椰子树在直面如此强大的台风之时，无法起到防风作用。

"海燕"对莱特省的破坏最为严重，浪高达到 4 米多。灾害发生后，菲律宾环境部和"美国国际开发署资助的为增强经济与生态系统复原力改善生物多样性和流域项目"（B + WISER）在莱特省进行海岸调查，评估沿海植被的损失以及如何恢复森林。评估表明，在莱特湾的重灾区，25% 红树林不是被连根拔起，就是被风吹到；80% 红树林的枝干被折断；近 100% 沿海树木的枝叶被台风吹落。经调查，台风承受力最强的是水黄皮（当地人称为巴尼）。事实上，在 2004 年印度洋海啸后，联合国粮农组织研究发现，健康无退化的天然林可为沿海地区提供最好的保护，但间距密、树冠矮、枝叶密、林下植被厚的人工林也能提供良好保护。建议沿海防护林要增加林带宽度、林分密度和混交林成分。为了提高沿海防护力抵御能力和恢复能力，灾难后菲律宾政府紧急斥资 2300 万美元重建或恢复被台风摧毁或破坏的沿海森林，在这一过程中，推广种植根系分布深、附着力度强的抗台风树种（见表 1）。同时，多家国际机构也捐资支持防护林建设。

表 1　红树林树种选择表

能抗击风暴的树种		风暴之后能快速恢复的树种	
排名	树种	排名	树种
1	水黄皮（巴尼）	1	水黄皮（巴尼）
2	水椰（聂帕桐）	2	无瓣海桑
3	无瓣海桑	3	黄槿
4	白骨壤	4	海巴戟

助力恢复渔业保护生计重振国家经济

渔业是菲律宾重要的民生活动。台风"海燕"导致 3 万艘渔船受损，1 万艘完全丧失或被毁。菲律宾中部地区的渔船长度一般为 6 ~ 10 米，船体龙骨所用木材多来自菲律宾天然林红柳桉木或白柳桉木。台风灾害发生后，为了迅速恢复渔业经济、维护国家稳定，从天然林采伐木材或从打捞上的渔船获取可利用材的活动，得到了林业部门的默许。并且，为了使新造的渔船稳定性更强、抗风险力更高，在船体设计上下了功夫。最终采用玻璃纤维和市售船用胶合板作为原料造船。并且，政府和联合国粮农组织培训了3000多名造船木工。另外，台风严重破坏了对当地粮食安全至关重要的沿海红树林生态系统。为了恢复被台风破坏的农田和经济林，联合国粮农组织和菲政府建立以椰子树为主要树种，多种果树、竹子和薪炭林并存的苗圃。

（分析整理：赵金成、曾以禹、张多、陈串；审定：张利明）

巴基斯坦大地震：林业帮助遏制次生灾害，灾区恢复往日山清水秀

2005年，巴基斯坦北部喀什米尔地区发生里氏7.6级地震，官方公布的死亡人数是87350人，近7万人重伤，350万人流离失所。地震带来的危害分两种，一是地震本身带来的冲击和地形剧烈变化，二是震后易发生泥石流、滑坡、洪涝等次生灾害。为遏制震后灾害，恢复人民生活，政府对地震区开展流域治理项目（表1）。

一是林业措施有效遏制山体滑坡等次生灾害，成功度过地震风险期。地震引发了1200多次山体滑坡，危及到17万公顷森林。尤其是在巴拉科特（Balakot）地区，地震带来的山体滑坡最为严重。灾害发生后，由于地形的剧烈改变，树木被连根拔起，山体滑坡、崩塌、泥石流的发生几率增加。而发展可持续的林业，可以在一定程度上减弱甚至是抵消这种灾害。主要措施是植树种草拦蓄泥沙，形成天然淤地坝，比如建设木质挡墙（brush wood retaining wall）、活动的木质截泥坝（live brush wood check dam）、植被和木材垛墙（vegetated timber crib wall）、栅栏（palisade）等。地震灾区土地松软，在水流的作用下极易被侵蚀而造成水土流失、环境破坏等问题，在河道中选择合适的位置修筑土坝，并在土坝上植树种草，利用植物的拦蓄作用将上游来的泥沙固定下来，不仅可以减少流域的土壤侵蚀量，还可以在坝体淤平之后形成天然淤地坝。淤地坝土壤肥沃，是良好的农耕田地。

二是发展可持续林业，发挥其生态修复功能。灾后重建需求对木材采伐带来很大压力。同时，为了恢复可持续农业，也需要尽快恢复农田防护林网。为此，政府规定在西北部开伯尔—普赫图赫瓦省（Khyber Pakhtunkhwa）等省份的5条流域上，每个流域建立2个苗圃，每个苗圃种植4万棵树，包括红豆

杉、冷杉、刺槐、臭椿和橡木等，同时还有一部分速生型杨树。采用可持续发展的理念管理苗圃，一方面可以提供高质量的木材以供灾区重建，另一方面植物能减少地表径流、涵养水源，其根系对土壤具有固着作用，可降低滑坡等灾害发生的风险。

三是种植经济型果树，帮助改善生计。地震改变了人民的生活，对于原本就贫困的底层百姓来说，灾难带来的危害更为严重。为帮助他们尽快走出灾难的阴影，恢复正常生活，巴基斯坦在各方帮助下设立项目，在每个流域内建立 12 座果树园，种植番石榴、李、杏、桃、梨等果树，此举不仅为当地群众提供就业机会，增加收入，其生产的果实还可以作为灾难再次发生时的食物来源，缓解了生存压力。

表1　巴基斯坦2005年地震后林业和水土保持建设计划

苗圃	10 座
种树	40 万棵
样点分布	64450 处
受保护的待更新林地	344 公顷
挡土墙	2576 立方米
编栅	3971 米
刷层	5364 米
河流堤坝	180 米
淤地坝	24305 立方米
石笼网墙	309 立方米
引水渠道	600 米
道路整修	20.5 公里
栅栏	235 处

（分析整理：赵金成、曾以禹、张多、陈串；审定：张利明）

第二篇

林业公约动态

IPCC 第五次评估报告综合报告分析农林业应对气候变化政策工具和减少气候风险的途径

2014 年 11 月 2 日，联合国政府间气候变化专门委员会(IPCC)在丹麦哥本哈根发布了 IPCC 第五次评估报告的综合报告，指出人类对气候系统的影响是明确的，而且这种影响在不断增强，在世界各大洲都已观测到种种影响。报告分析了林业部门的排放趋势和林业应对气候变化的政策工具。

报告指出，2002 ~ 2011 年，林业和其他土地利用(FOLU)年均排放量为 $3.3 \pm 2.9 GtCO_2$/年(1Gt = 10 亿)。自 1750 年以来，人为导致的二氧化碳排放量的 40%($880 \pm 35 GtCO_2$)保留在大气中。其余部分被森林碳汇等清除，并储存在全球自然界碳循环的储存库中。其中主要是海洋碳库和陆地碳库。海洋大约吸收了人为导致的二氧化碳排放的 30%。2010 年，35% 的温室气体排放来自能源部门，24%(净排放)来自农业、林业和其他土地利用部门(AFOLU)，21% 来自工业，14% 来自运输，6.4% 来自建筑。

报告提出了农林业部门应对气候变化的主要政策工具，如表 1 所示，主要包括：碳交易市场、可持续林业经营、REDD + 国家政策、农药税或化肥税、农林业技术创新和扩散投资等。

表 1　各部门应对气候变化政策工具示例

政策工具	能源	交通	工业	农林业
经济工具—碳税	碳税(应用于电子产业)	能源税、车辆税、养路费、拥堵费用	碳税、能源税、废弃物税收	降低氮排放的农药税或化肥税
经济工具—可交易配额	排放交易、排放信用、可交易绿色认证	能源、车辆标准	排放交易、排放信用、可交易绿色认证	CDM 下的排放信用、《议定书》外的履约计划(如国家减排履约计划)、自愿碳市场
经济工具—补贴	取消化石能源补贴、回收电价以扶持新能源	生物能源补贴、新能源车辆购买补贴、根据车辆大小给予不同的折扣	补贴(为能源审计)、为燃料替代而进行财政刺激	设立信用线，发展低碳农业和可持续林业
法规建设	提高效率或环境标准、为可再生能源提供组合投资标准、是社会各阶层公平连接电网、确立长期二氧化碳储存的合法地位	提高燃料经济表现标准、提高燃料质量标准、控制温室气体排放标准、促进运输方式转变、限制用车、提高机场环境能力限制标准、提高城市扩张限制	能源效率标准、能源管理系统、自发协议、标识以及公共采购规范	发布国家政策支持 REED +(监测、报告和核查)、颁布或调整森林法减少毁林、水污染控制温室气体前体、土地利用规划和治理

（续）

政策工具	能源	交通	工业	农林业
信息政策		设立能源标签、车辆能耗	设立能源审计、设立排放基线、对行业合作减少排放的措施进行优惠	可持续林业认证、支持 REED + "三可"的信息化政策
政府在公共产品服务方面的提供	研究并开发新能源、建立基础设施	向替代能源和人力交通方式投资、可替代能源设施投资、对低排放汽车进行采购	对员工进行培训、对行业合作降低排放的措施进行优惠	保护国家级、省级、地区级的重点林区、对农林业技术创新和扩散进行投资
自愿行动			在能源管理、资源效益方面的自发合作	通过建立以及宣传活动促进可持续发展

报告指出，要加强适应活动减少气候风险。报告认为，储存在陆地生物圈中的碳，受气候变化、毁林和生态系统退化的影响，极易排放到大气中。气候变化对陆地生态系统碳储存的直接影响包括导致高温、干旱和风暴；间接影响包括增加火灾、虫害和疾病的发生概率。未来许多地区的树木死亡率和枯死数目量都将增加，对碳储存、生物多样性、木材生产、水质、市容美化和经济活动构成了威胁。报告提出的生态系统管理适应气候变化减少风险的具体途径包括：保持湿地与城市绿地面积、海岸造林、流域管理、减少生态系统压力、减少栖息地破碎化、保持基因多样性、修正应对气候变化干扰体系，以及基于社区的自然资源管理（见表 2）。

表 2　通过适应活动管理气候变化风险的途径

分层途径			类别	案例
通过发展、计划与实践，包括采取低悔措施降低脆弱性与气候变化暴露程度	适应措施（包括增量调整与转化调整措施）	转化措施	人类发展	提高人们享受教育、医疗设施、能源、营养、安全住房以及社会支持的机会；降低性别不平等以及各种形式的边缘化
			消除贫困	提高当地资源的利用与控制；加强土地产权；降低灾害风险；提高社会安全网络与社会保护；提升保险机制
			生活保障	收入、资产以及生计多样化；增加基础设施建设；参与技术与决策论坛；提高决策力；改变作物种植、畜牧、水产养殖方式；依赖社会网络
			灾害风险管理	预警系统；灾难和脆弱性识别；水资源分类管理；提高排水系统；洪水飓风避难所；建立规范与应急预案；加强风暴与废水管理；提升交通道路基础设施
			生态系统管理	保持湿地与城市绿地面积；海岸造林；流域管理；降低生态系统压力；减少栖息地破碎化；保持基因多样性；修正应对气候变化干扰体系；基于社区的自然资源管理
			空间或土地利用规划	提供房屋、基础设施服务；洪涝区与其他风险地区的发展管理；城市规划与升级项目；地役权；保护区
			结构/工程	工程环境措施：海岸保护措施；洪水堤坝；水库；排水系统升级；洪水飓风避难所；建立规范与应急预案；加强风暴与废水管理；提升交通道路基础设施；浮动房屋；发电厂与电网调整

（续）

分层途径			类别	案例
通过发展、计划与实践，包括采取低悔措施降低脆弱性与气候变化暴露程度	适应措施（包括增量调整与转化调整措施）	转化措施	结构/工程	技术措施：应用新的作物与动物种类；利用本地、传统的知识、技术以及方法；有效率的灌溉；水保持技术；脱盐技术；保护性耕种；食物储存与保存设备；灾害脆弱性识别与监测；预警系统；建立绝缘；机械被动冷却；技术发展、转让与转播
				生态系统措施：生态修复；土壤保护；造林与恢复；红树林保护与补植；绿色基础设施（行道树、绿色屋顶等）；控制过量捕鱼；渔业共同管理；协助物种迁徙分散；生态廊道；种子银行；基因库以及其他迁地保护措施；基于社区的自然资源管理
				服务措施：社会安全网络与社会保护；食物库与剩余食物的分散；市民服务，包括水与卫生；疫苗措施；关键的公共健康服务；应急医疗服务的提升
			制度措施	经济措施：财政刺激；保险；灾难债券；生态系统服务支付；提高水价鼓励节约用水；微金融产品；灾难基金；先进转移；公司合作
				法律规章措施：土地区划法；标准与措施的建立；地役权；水资源条规与协议；减灾法案；鼓励投保法案；定义并保护产权与土地使用权；保护区建设；有序打捞；专利技术转让法
				政府项目措施：国家及地区适应计划；当地适应计划；经济多元化；城市升级项目；城市水资源管理；灾难应对计划与准备；综合水资源管理；综合海岸管理；基于生态系统管理；基于社区的管理
			社会措施	教育措施：提高教育意识与入学率；教育平等；扩大覆盖面；分享本土传统知识；参与性行动研究；知识共享平台
				信息途径：灾害脆弱性识别；预警机制；监测机制；气候服务；利用本土气候观察方法；参与性发展；综合评估
				行为措施：家庭准备与疏散预案；迁徙；水土保持；风暴排水系统；生计多样化；改变种植、畜牧与水产养殖措施
			综合转变	实践：社会技术创新；行为改变与制度改变
				政治：政治、社会、文化、生态决策须与降低生态脆弱性相结合，以支持适应、消除与可持续发展
				个人层面：个人集体的信仰、价值与世界观影响气候变化的反应

　　要促进减缓和适应气候变化，实现经济、社会和环境共生效益，典型例子包括：①提高能源效率和清洁能源，从而减少导致健康受损的空气污染物排放；②建设绿色环保城市，提高水循环利用，减少能源和水消耗；③可持续农业和林业；④基于碳储存和其他生态系统服务目标的生态系统保护。农林业方面提高共生效益的措施包括发展林业、农业、畜牧业、农林复合系统以及生物质能源；降低食物链中碳损失；改变人类饮食习惯、改变木材以及林产品需求（见表3）。

表3　主要部门减排措施的效益影响

目标减排措施		经济效益	社会效益	环境效益
能源供给	核能源替代化石燃料	能源安全(降低对化石燃料的依赖);对当地就业带来影响(尽管不确定是否是正面影响)	降低空气污染,减少煤矿事故,提高人类健康状况	降低空气污染与煤矿事故,提高生态系统影响;但核事故也存在隐患
	发展可再生新能源	能源安全(降低对化石燃料的依赖);对当地就业带来影响(尽管不确定是否是正面影响);水资源管理	降低空气污染,减少煤矿事故,提高人类健康状况	通过降低空气污染与煤矿事故,提高生态系统影响
	发展化石能源的二氧化碳储存技术	保存化石工业中人类与自然资本的完整	二氧化碳泄露可能增加人类健康风险;也因为二氧化碳与交通而使人们存在安全方面的担忧	提高水资源的使用,同时增加上游供给链活动,而增加生态系统负担
	甲烷泄露预防、捕捉与处理	能源安全(将甲烷气体用于别的地方)	通过降低空气污染,降低健康风险,提高矿工的职业安全	空气污染,以降低生态系统影响
交通	降低燃料的碳浓度	能源安全(能源多样性;降低石油依赖)	通过电力与水利,减轻城市空气污染,以改善健康状况	通过电力与水利降低城市空气污染,以提高生态系统质量
	降低能源消耗	能源安全(降低石油依赖,从而降低油价变动的影响)	提升道路安全、降低空气污染	降低空气污染以提高生态系统与生物多样性
	紧凑城市布局、提高交通基础设施、交通模式转变	能源安全(降低石油依赖,从而降低油价变动的影响),提高生产力(降低交通拥堵)	强调非机动车交通模式,提高户外运动、减少噪音、提升道路安全	降低空气污染,以降低生态系统影响
	减少出行	能源安全(降低石油依赖,从而降低油价变动的影响),提高生产力(降低交通拥堵)	减少非机动出行方式,减少对健康的影响	降低空气污染、提高土地利用效率,发挥生态系统服务功能
农林业	提高碳汇供给措施:发展林业、农业、畜牧业、农林复合系统以及生物质能源。降低碳排放方面:降低食物链中碳损失;改变人类饮食习惯、改变木材以及林产品需求	效益:企业发展提高就业率;社区收入来源丰富,并与市场衔接;获得可持续景观管理的额外收入;能源安全;创新金融制度,以达到可持续资源管理;技术创新与转让 副作用:农业机械化降低就业率;收入集中	效益:通过集约化、可持续复合系统进行粮食生产;通过森林管理与保护提升文物轨迹与休闲用地价值;提高人类健康与动物权益福利;通过共同参与与利益分配,促进性别、代际间与代际内的平等 副作用:由于非粮食作物的大规模垄断种植,粮食作物产量可能下降;人类健康可能因为烧秸秆等措施受到威胁;可能造成利益分配不均	效益:通过生态系统保护、可持续管理与可持续农业,提高措施对生态系统服务的影响;提高土壤质量;减少土壤侵蚀;提高生态系统弹性、提高反射率与蒸发量。发展林业减排措施,提高当地产权与使用权和参与式机制对土地管理规划的影响,同时提高现行的可持续资源管理政策实施 副作用:可能造成大规模的垄断与土地利用竞争

（续）

	目标减排措施	经济效益	社会效益	环境效益
农林业	人类居住与设施方面			
	紧凑发展与基础设施	提高创新与资源使用效率	提倡身体运动，从而提高健康状况	维持公共区域的开放性
	提高基础设施的覆盖面	为通勤上班族节省时间	增加身体运动，从而提高健康状况	提高空气质量、提升生态系统与健康
	土地利用的多元化	为通勤上班族节省时间、提高租金与资产价值	增加身体运动，从而提高健康状况、促进社会沟通，提高心理健康	提高空气质量、提升生态系统与健康

（摘译自：Climate Change 2014 Synthesis Report；摘编整理：赵金成、曾以禹、张多、郑赫然）

联合国粮农组织发布《2014 年世界森林状况》

联合国粮农组织发布的《2014 年世界森林状况》，系统地收集并分析了森林对人们生计、粮食、健康、住房及能源需求等方面所作贡献的数据，填补了有关上述知识的空白。该报告同时还提出有关信息质量和政策改革等方面的建议，旨在使森林的社会经济效益得到正确评估和增强。

一、报告概要

《2014 年世界森林状况》第一章介绍了撰写该报告的背景和目的。虽然森林可提供就业、能源、营养食物以及一系列其他产品和生态系统服务，但缺乏明确的证据来证明上述事实。此类证据十分必要，不仅可以为做出有关森林管理和利用的政策决定提供信息，还可以确保森林的社会经济效益在 2015年后议程中得到认可。

第二章介绍关于森林社会经济效益的已有知识，并提出了森林社会经济效益的定义："通过消费森林和树木的产品和服务或间接通过林业部门创造的就业和收入来满足人类的基本需求以及提高人类的生活质量"。由于存在方法上的局限性且缺乏可靠数据，目前衡量森林社会经济效益的方法往往不够充分。

第三章介绍了为《2014 年世界森林状况》收集的数据及其分析结果，这些结果说明了森林为人类福祉作出的贡献。林业部门的收入仅仅是森林提供的众多效益之一。森林在能源、住房、粮食安全和健康方面带来的效益被认为是更重要的社会经济效益，尽管获取此类数据相对较为困难。例如，在欠发达国家的农村地区，木质能源通常是唯一的能源来源，对贫困人口尤其重要。同样在这些地区，使用林产品建设房屋来满足基本住房需求对于人们而言也尤为重要，特别是在那些林产品是他们最能支付得起的建筑材料的地方。许多发达国家也大量使用木材来满足这些需求。在粮食安全方面，可食用非木质林产品虽然消费总量相对较低，但可以提供至关重要的营养功效。

第四章介绍各国为支持或加强上述效益而采取的各项政策和措施。目前，拥有丰富森林资源的国家正经历着政策上的转变，包括在国家森林计划或政策中纳入含义更广的可持续森林管理概念，更加注重参与式政策进程和森林管理，以及对基于市场的自愿方法持更开明态度。

第五章在对前面各章的分析结果进行总结的基础上，就如何加强政策与效益间的联系提出了若干建议。

二、报告主要结论

1. 森林的社会经济效益大多来自森林产品和服务的消费。

数十亿人利用森林产品满足自身对食物、能源和住房的需求。此外，还有很多人（目前数量未知）间接受益于森林提供的环境服务。

2. 全世界正规林业部门从业人数约 1320 万人，另外至少有 4100 万人受雇于非正规林业部门。

非正规林业部门的就业人数通常不会纳入国家统计数据，但根据《2014年世界森林状况》的估计，欠发达地区的非正规林业部门从业人数相当庞大。另外，估计有 8.4 亿人（占世界人口 12%）从事供自家用的木质燃料和木炭的收集。

3. 木质能源往往是欠发达国家农村地区的唯一能源来源，对贫困人口尤为重要。

能源总供应量中木质能源所占比重在非洲为 27%，拉丁美洲及加勒比地区为 13%，亚洲和大洋洲为 5%。然而，为了减少对化石燃料的依赖，发达国家也开始越来越多地使用木质燃料。例如，欧洲和北美洲现在约有 9000 万人将木质能源作为家庭供暖的主要来源。

4. 森林产品为解决至少 13 亿人口（占世界人口 18%）的住房问题作出重要贡献。

世界各地广泛使用林产品建造住房。记录数据显示，亚洲和大洋洲约有10 亿人使用林产品作为住房墙壁、屋顶或地板的主要材料，非洲约为 1.5 亿人。然而，该估计数是在部分信息的基础上得出的，真实数据可能要大得多。

5. 森林对粮食安全和健康的主要贡献之一是提供木质燃料用于烹饪和烧水。

据估计，世界上约有 24 亿人使用木质燃料烹饪，占欠发达国家人口总数的 40%；其中 7.64 亿人也可能使用木材烧水。可食用非木质林产品也在一定程度上为许多人提供了粮食安全保障和必需的营养。

三、主要建议

1. 为了衡量森林的社会经济效益，数据收集工作应重点关注人，而不仅仅是树木。

除正规部门就业人数外，林业管理部门对受益于森林的人数知之甚少，可获取的数据也常常缺乏说服力。目前的数据收集关注的是森林和树木，而森林的社会经济效益还需通过收集人们获益的相关数据来加以补充。最好的办法是与开展这些调查的公共机构合作。

2. 森林政策必须注重森林在提供食物、能源和住房方面的作用。

许多国家已经在加强森林权属和使用权以及支持森林使用者群体方面取得了很大进展。然而，尽管利用森林以满足对食物、能源和住房需求的人口数量众多，但政策通常关注的却是正规林业部门的活动，两者之间严重脱节。

3. 认可森林服务的价值对作出有效的决策至关重要。

如果不能衡量和认可森林服务的价值，那么就会在信息不全且有失偏颇的基础上错误地作出有关森林的决策。

4. 为满足日益增长且不断变化的需求，应将更高效的生产技术纳入可持续森林管理的内容。

无论是因为中产阶级的崛起，还是因为全球生活方式主要向都市生活方式转变，或是其他因素，对森林产品和服务的多种需求可能随着人口的增长而继续增加，也可能随着生活方式的改变而变化。我们将不得不利用静态的或日益减少的资源来满足这些需求。因此，为了避免森林资源的显著退化，必须采用更高效的生产技术，在非正规部门中也应如此。

5. 向人们提供获取森林资源和进入市场的机会是提高森林社会经济效益的强有力方式。

除采取许多其他措施促进森林产品和服务的供应外，各国也在为人们提供更多获取森林资源和进入市场的机会。这在地方层面效果尤为显著。促进生产者组织的发展能够为进入市场并实现更具包容性、更高效的生产提供支持。

6. 为切实促进森林的社会经济效益的增长，必须通过能力建设为政策的落实提供支持。

自 2007 年以来，已经制定了许多促进可持续森林管理的政策和措施，包括各国趋向于将可持续森林管理列为一项基本的国家战略目标，提高利益相关者的参与度，以及对基于以市场的自愿方法持更开明态度。然而，许多国家的实施能力依然较弱。

（编译整理：徐芝生）

联合国粮农组织完成全球民意在线调查 研判林业发展的未来趋势

联合国粮农组织于近期组织完成了一次针对 2050 年林业发展的全球民意在线调查，调查报告涉及森林面积、木材供需和森林保护趋势，为决策者制定政策提供了参考依据，现将报告内容择要编译整理如下，供参考。

一、关于森林面积变化的趋势判断

农业开发活动是经常被提到的最主要毁林驱动力。调查结果表明，到 2050 年，虽然农业开发对毁林的影响程度趋于下降，但仍然是最主要因素。值得注意的是，城市发展和基础设施扩张对毁林的影响程度大大增加。牧场扩张、木材采伐和木质燃料索取是另三大毁林驱动因素。调查结果表明，虽然采用人工林替代缓和了森林采伐导致森林面积变化的趋势，但农业开发活动仍加重森林损失。

在个别地区，影响森林面积变化的因素略有差异，如非洲和干旱地区，受调查者认为，木质燃料开发利用和气候变化影响毁林的程度越来越高。

未来，森林面积增加的最大动力是政策和补贴，以及停止农业开发活动。

二、关于林产品供需变化的趋势判断

对于林产品贸易量的变化趋势，受访者分为四种观点：一是多数受访者认为，2050 年林产品国际贸易将在目前基础上小幅增加，增加幅度小于目前贸易量的 30%；二是一部分受访者认为贸易量将保持平稳，因较高的运输、物流成本和国家或区域市场采取保护机制；三是少量受访者认为由于自由贸易的促进，2050 年林产品国际贸易将比目前大幅增加，增加幅度高于目前贸易量的 30%；四是极少的受访者认为，由于国家森林保护机制的实施，林产品贸易将明显萎缩。

调查报告还反映了各国原木需求的变化。绝大多数受访者对此作出了三项回答：绝大多数认为国内原木将小幅增加，认为增加平稳和大幅增加的受访者基本均等。

调查表明，未来木材供应将越来越多来自人工林和天然更新林，而来自于原生林的木材（尤其是非洲、亚洲和欧洲）将显著减少。欧洲是全球人工林木材供给趋于减少的唯一地区，主要在于其木材进口显著增加。

调查还表明，在全球层面上，工业用木质燃料的需求将远远超过家庭用木质燃料。从区域来看，欧洲工业用木质燃料的需求十分突出，主要是由于欧盟 2020 年可再生能源承诺。

三、关于森林生态保护及其社会经济效益的趋势判断

调查报告还分析了未来森林保护的趋势，报告指出，在人类历史上，从未有今天如此高比例的受法律保护的森林，12.5% 的森林位于保护区。生物多样性公约设定了目标，即到 2020 年至少 17% 的陆地面积受到保护。

对未来森林保护的趋势，受访者集中作出四种选择：大部分认为将小幅增加、一部分认为保持稳定、少量的受访者认为将显著减少，以及认为轻微减少。综合这些受访者的意见来看，未来全球森林保护区面积仅有小幅增加，大幅增加的可能性并不高，因为生物多样性保护爱知目标不可能完全实现。从全球来看，非洲是森林保护区可能减少的唯一地区。

关于森林的社会经济效益，从全球来看，森林对粮食安全的重大贡献，在非洲表现得最为显著。调查表明，各种林业行动产生的减贫效益里，到 2050 年，生态旅游产生的效益最为明显，此外木材加工、木材采伐、林业公司上交的税费等林业行动，都产生巨大的效益。

（摘译自：Forest Futures Online Survey Results；编译整理：赵金成、曾以禹、张多；审定：张利明）

联合国发布水资源开发报告：
保护森林和湿地确保水供给维护人类永续发展

3月22日，联合国教科文组织发布2015年世界水资源开发报告——《全球可持续发展所需的水资源》(*Water for A Sustainable World*)，报告旨在将水问题充分纳入到国际社会正在拟定的联合国2015年后发展议程，在水供需之间找到新平衡。报告评估了未来一段时期全球水资源供给、利用和管理的形势，基于确保人类永续发展的视角，提出了解决水资源短缺问题的可选方案。

全球水资源告急影响人类永续发展

当前，整个世界面临着严重的水资源危机。全球近11亿人口（占18%）没有足够的饮用水。到2025年，生活在水资源绝对稀缺地区和国家的人数将达到18亿，在一些干旱和半干旱地区，水资源短缺将造成2400万至7亿人背井离乡。

从需求看，由于制造业、热力发电以及家庭用水的增长，预计到2050年，全球水资源需求量将增加55%。

从供给来看，地下水资源日益匮乏，全球目前已开采了近20%的地下水。同时，气候变化造成的压力也有增无减，降水的日益变化和气温上升导致了更大的蒸发量和植物的蒸腾作用，海平面的上升也正严重威胁着沿海地区的地下水。

面对持续上升的水资源需求和地下水储量的过度开发，必须改变当前保护、利用和管理这种稀缺宝贵资源的方式；否则，到2030年，全球40%的人口将面临供水"赤字"。

为了人类永续发展需确立全方位的水资源目标

水是生命之源，也是永续发展的核心。水与永续发展的三大支柱经济、社会、生态紧密关联。全世界约70%的取水量用于农业；工业与能源的用水量分别占世界取水量的5%与15%。

在通往可持续发展的道路上，国际社会将遭遇一系列挑战，包括人口增长、城市化和工业化、确保燃料、粮食和能源安全、保护受威胁的生态系统以及消除贫困等，所有这些挑战都与水有关，水不是推动因素，就是制约因素。

在前述各种因素的影响下，今后缺水将是"常态"，而不再只是偶尔的"特殊情况"。解决水资源问题从任何单一面向切入，都无法收到整体性的成效，甚至会让其他与之相关的领域产生新问题。唯有全面了解，拟出永续管理和发展的策略，才能在即将到来的缺水时代中，缓解水危机。

报告指出，联合国千年发展目标中并没有完整提出水资源发展议程，也没有充分认识到水与其他领域的关联关系。在制定2015年后可持续发展目标时，应确立全方位的水资源目标，焦点必须从千年发展目标中囊括的饮用水和环境卫生扩大到全球水循环系统的管理，将水资源治理、利用、水质、污水管理和自然灾害防御等相关问题综合考虑在内。

加强保护森林和湿地维护水资源可持续供给

报告指出，从生态角度来看，全球环境破坏已达到临界点，接近引发生态系统大规模崩溃的界限。目前，在集水区已观测到毁林和洪水增加之间的联系，即毁林导致土地退化和沙化，减少了下游可获取的安全饮用水。此外，世界范围内生态系统，特别是湿地，正在退化。报告呼吁，要及时认识到森林和湿地退化对水提供服务的影响，并采取保护措施（案例一）。

案例一：中国湖北省成为扭转湿地生态退化的典型

> 湿地是影响湖北乃至长江中游流域的"生命网络"，也是野生动植物栖息繁衍的"天堂"。过去50年，湖北省湿地生态系统（1066个湖泊），为长江中游的夏季洪水调节发挥了重要作用。然而，围湖造田、过度垦殖和侵占、蚕食成为湖北湿地的"冷面杀手"。757个湖泊被转换为圩田且相间被阻断，湿地水土流失，在加速湖泊消亡的同时，严重阻隔了江湖的天然连接性，不仅影响长江行洪，降低了湖泊的调蓄功能，削弱了水体自净能力，还切断了江湖之间的自然通道，降低了生物的多样性，减少了生物量。导致了1991～1998年几次大洪水，造成数百人死亡，数十亿美元损失。2002年，世界自然基金会在湖北的保护示范工作，有力地推动了湖北省湿地保护工作，明确要求示范区（涨渡湖、洪湖、天鹅洲）开展包括建立闸口综合调度机制、灌江纳苗、替代生计等在内的湿地保护和湿地资源可持续利用的研究与探索。在实施保护项目前，洪湖只容纳100只苍鹭和白鹭；修复后，4.5万只越冬水鸟和2万只繁殖鸟类在该地出现。为加强保护成效，湖北省建立了17个湿地组成的湿地保护区网，并于2006年提出到2010年保护4500平方公里的湿地。当地居民受益于清洁的水供给，在涨渡湖重新连通六个月内，捕鱼收获量增长了17%，发展了412户生态认证养鱼家庭，养鱼户家庭收入增长20%～30%。

案例来源：联合国《2015年世界水资源开发报告》。

报告指出，目前大多数经济和资源管理方法中，生态系统服务常常被低估、被忽视。经济论证使决策者和规划者们意识到保护生态系统的重要性。生态系统价值评估表明，在生态系统保护方面，水资源相关投资所带来的收益要远远大于成本。为此，报告呼吁，要加强对水基础设施——森林和湿地的投资（案例二和案例三）。

案例二：加强对水基础设施——森林的投资

2015 年联合国水资源开发报告的案例表明，哥斯达黎加通过保护森林实现可持续供水。自 2000 年起，哥斯达黎加的 Heredia 省投入资金保护 Virilla 河流域的森林，重新恢复土壤表层和地下水。该省为保护重要水源地，对土地用途变更进行严格监管。水公司在月账单的基础上，再征收 3% 的水资源保护费，这部分资金分配给森林所有者，激励他们保护森林。过去的 10 多年，项目保护了集水区中 1100 多公顷的森林，也为该省 20 多万居民连续 10 多年提供了清洁水，同时减少了投资兴建水厂的成本。

另一个有代表性的案例发生在巴西。在里约热内卢州的北部，以前农村政策的重点是咖啡、甘蔗和畜牧业。毁林和不可持续的生产模式导致土壤退化也耗尽了水资源。自 2006 年，该州启动新的农村发展规划，倡议迈向生态友好型社会。项目实施的绝大多数可持续发展的技术援助措施产生较高的成本却只能带来较少的收益，为此需要政府提供财政激励。全球环境基金（2006 - 2011 年）、世界银行（2010 - 2018 年）以及联邦和州都提供了资金支持，在 18 万公顷的土地上总投资 2 亿美元，惠及 7.8 万农民，其中 4.7 万人直接获得资金激励奖励和技术援助。作为回报，农民同意保护残存的森林。对于种植业农户，技术援助的实施要求是，农户在获得农业增产技术的同时，也必须掌握保护森林的技术，确保农业产量和环境质量"双赢"。对于畜牧业农户，要求是在采取轮牧制度的同时，必须拿出一部分土地恢复森林，以保护水源地和河岸缓冲带。同时，有利于水资源保护的有关保护活动，最后还可以获得联邦和州水公司的资助。

案例来源：联合国《2015 年世界水资源开发报告》。

案例三：加强对水基础设施——湿地的投资

2015 年联合国水资源开发报告指出，对改善水管理和水获取进行投资，带来丰厚的效益。2010 年全球湿地抽查的研究表明，6300 万公顷的湿地产生的经济价值 34 亿美元。

2004 年，在乌干达东部帕利萨区（District of Pallisa）的 1/3 面积是湿地，它们每年为当地提供的产品和服务价值为 3400 万美元，相当于每公顷 500 美元。

南非西开普省的凡波斯（Fynbos）生态系统包含了大量湿地。但部分已因农业活动和其他土地利用变化而退化或丧失。该湿地提供显著效益，为下游的鱼类过滤污染物，并减少污染物对下游人群的影响。科学家按照成本法估计湿地为当地生物群落提供的经济效益，即在水加工工厂处理等量氮所需花费的成本。研究指出，湿地的经济服务价值为每年每公顷 12385 美元，与其他形式的土地利用产生的经济价值相当。

案例来源：联合国《2015 年世界水资源开发报告》。

报告提出，要从全面综合的视角关注支撑水资源和经济发展的生态系统。而确保水资源长期可持续供给，须采用"基于生态系统的管理方式"（EMB）。这种方法把生态系统作为水供给和管理的重要组分，通过自然或半自然生态系统提供的服务，维持或强化水循环，它能带来与传统（兴建）水利基础设施相同或类似的效益。联合国在制定 2015 年可持续发展议程目标时意识到"基于生态系统管理"的重要性，提出"到 2020 年，保护和恢复与水有关的生态系统，包括山区、森林、湿地、河流、含水层和湖泊"（目标 6.6）。为此，报告呼吁，采取基于生态系统的管理，加强自然和人造基础设施建设促进水资源供给的方案（见表 1）。同时，建议将水和湿地的价值完全纳入政府决策。

表 1　加强自然基础设施确保水资源供给的技术方案

水资源管理问题		自然基础设施解决方案	对应的人造水利设施解决方案
水供给调节 （包括缓解干旱）		1. 造林、再造林和森林保护 2. 重新连接河流与洪泛区 3. 湿地修复和保护 4. 建设湿地 5. 采水 6. 绿色空间（生物截流池和渗透） 7. 透水路面	1. 水坝和地下水开采 2. 配水系统
水质调节	水净化和生物控制	1. 造林、再造林和森林保护 2. 河岸植被缓冲带 3. 重新连接河流与洪泛区 4. 湿地恢复和保护 5. 建设湿地 6. 绿色空间	水厂
	侵蚀调节	1. 造林、再造林和森林保护 2. 河岸植被缓冲带 3. 重新连接河流与洪泛区	加固斜坡
缓解极端事件（洪水）	河川防洪	1. 造林、再造林和森林保护 2. 河岸植被缓冲带 3. 重新连接河流与洪泛区 4. 湿地恢复和保护 5. 建设湿地 6. 建设分洪工程	大坝和堤
	沿海防洪	1. 保护和恢复红树林，沿海沼泽和沙丘 2. 保护/恢复珊瑚礁	海堤

来源：联合国《2015 年世界水资源开发报告》。

（摘译自：The United Nations World Water Development Report 2015；编译整理：赵金成、曾以禹、张多；审定：张利明）

千年发展目标生态目标全球进展不容乐观
中国国家造林计划成就喜人

千年发展目标至今已走过约 15 个年头。2015 年，联合国将继续推动千年发展目标在全球持续实施，并启动实行新的 2015 年后发展议程。

千年发展目标的目标 7 是关于生态环境的目标，涉及森林、生物多样性、二氧化碳排放、清洁饮用水等相关内容。

　　2015 年 5 月，国际可持续发展研究所①（IISD）发布题为《全球目标和环境：进展和展望》（*Global Goals and the Environment：Progress and Prospects*）的报告。指出，全球生态环境目标进展喜忧参半。

　　生态目标方面，1990～2010 年，全球森林面积从 41.68 亿公顷下降到 40.33 亿公顷，森林覆盖率从 32% 下降为 31%，这 20 年间。从毁林率来看，低于 3% 有 41 个国家，处于 3%～26% 之间的有 49 个国家，撒哈拉以南非洲、拉丁美洲、加勒比海地区、东南亚和大洋洲的毁林率显著增加。更为严重的是，全球森林状况不仅森林覆盖率递减，森林质量也下降。

　　值得关注的是，东亚地区在保护森林方面取得积极成果，森林覆盖率提高了 4%。数据表明，全球森林覆盖率增长超过 3% 的有 30 个国家，增长低于 3% 有 104 个。增长明显的国家主要位于亚洲和太平洋区域。中国、印度和越南森林覆盖率持续稳步增长，得益于这些国家制定了大规模造林计划，还制定了鼓励小农户多种树的奖励项目。20 世纪 90 年代，中国森林面积每年增加 200 万公顷，自 2000 年以来每年平均增加 300 万公顷（2011 年世界森林状况）。

　　生物多样性方面，全球陆地和海洋保护区面积从 1990 年的占比 8.3% 提高到 2012 年的 14%。东亚地区的增加较快，拉美和加勒比地区从 1990 年的占比 8.7% 提高到 2012 年的 20.3%。

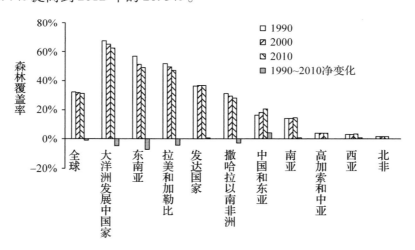

图 1　1990～2010 年全球各地区森林面积净变化图

　　（摘译自：1. Global Goals and the Environment：Progress and Prospects；2. http：//www. iisd. org/media/new-report-offers-comprehensive-overview-progress-environment-millennium-development-goal；编译整理：赵金成、曾以禹、张多；审定：张利明）

---

　　①　加拿大国际开发署支持的智库机构，在中国、加拿大、美国设有专门办公室。

国际生态环保组织:
欧盟农产品进口的生态影响不容忽视

据森林与欧盟资源网络组织(FERN)报告,为了向欧洲供应牛肉、大豆、皮革及棕榈油,2000~2012年间每两分钟就有足球场大小的森林遭到非法采伐。欧盟进口商品中,有25%的大豆产品、31%的皮革以及18%的棕榈油产自非法采伐的热带森林。2012年欧盟进口了大约价值60亿欧元的该类非法商品,几乎占到全球贸易的1/4。报告称,巴拉圭、马来西亚和其他国家是非法采伐生产商品的主要来源地,但巴西和印度尼西亚占到最大比重,巴西亚马孙地区多达90%的森林采伐属非法,印度尼西亚非法采伐比例为80%。荷兰、意大利、德国、法国和英国,是欧盟最大的非法来源农产品进口国,产自非法采伐的热带森林的皮革大部分通过意大利进入欧盟。报告呼吁欧盟推动改革,减少非法采伐。

(摘自:人民网,http://www.87050.com/newshtml/news90320018.htm)

国际热带木材组织:
合法性木材采购政策的进展和影响

合法性木材采购政策指的是公共和私人采购方为保证其信誉,只采购经过认证的来自可持续经营森林的林产品。国际热带木材组织(ITTO)认识到合法性木材采购政策的重要性,认识到热带木材市场正迅速转型,需求日益增多,通过开展对政策实践的研究,集中回答了各国政府热带木材采购政策对经济的影响,评价了国际热带木材组织生产国和消费国面临的市场影响和机遇。

一、合法性木材采购政策的演变和进展

(一)木材采购政策的演变

1999~2005年,合法性木材采购政策大大促进了对来自可持续经营森林的林产品的消费,随后日益降温。部分原因是在气候公约第13次会议上(即2007年巴厘岛会议),国际社会转移了焦点,更多关注将森林以及森林可持

续经营纳入气候变化。

表现为：人们对公共部门合法性木材采购的关注减少，更多地关注私营部门包括行业协会和森林认证机构。这些企业和协会借机极大地拓展了认证林产品的市场占有率。

部分国际热带木材组织的消费国采取了一系列保证木材合法性来源的政策行动，以实现森林可持续经营。在国际热带木材组织理事会会议中，广泛讨论了各消费国的立法行动。其中最受关注的三个法案是：《欧盟木材法规》、《美国雷斯法案修正案》、《澳大利亚禁止非法伐木法案》。

事实上，可将合法性木材采购分为公共部门木材采购、私营部门木材采购、木材合法性认证要求三部分。公共木材采购政策适用于政府木材采购，在木材市场中只占很少比例。私营部门木材采购力图在维护社会公信力的同时实现经济效益。只有少数零售商制定了木材采购政策，且主要与回收再利用纸张有关。木材合法性认证影响整个木材市场，成为热带木材供应商面临的最大挑战。

（二）木材采购政策的进展

1. 进口国公共和私营采购木材所占市场份额

对于公共采购木材产品无法直接从公开的统计数据中准确获悉其市场份额，因此，用案例研究进行说明。比利时的一项分析显示，公共木材采购政策对木材进口产生的影响非常有限，如中央政府建筑材料、家具、园林绿化用木材或其他预期使用寿命一年以上的木材。在比利时，木材市场中政府采购的份额可能小于2%。

但在英国，中央政府木材采购政策的影响范围远大于其直接采购量，可使木材销售量产生20%～40%的变化幅度。市场供应商也逐渐认识到政府采购对木材产品的影响。

2. 采购政策的共性与差异

大多数公共木材采购政策都是通过公共协商和规则制定等阶段才能得以通过。目前，采购政策将纸张纳入其中，并强调回收和减少废物产生。政策实施过程中，许多公共木材采购政策开始重视"绿色"环保，强调提高能源效率、减少废物、增加回收、涵养水源等。与此同时，大多数私营木材采购政策也更加重视对环境和森林的保护。

在落实木材采购政策时，各国政府或私企在记录和审计工作中与之前的做法不同。许多采购政策采用第三方认证，以充分保证政策的合法性和森林的可持续经营。但公共和私营部门在多种森林认证体系下执行政策时依旧存在重大分歧。

大多数欧盟公共木材采购政策在实施过程中须进行一系列调整，使之符合已生效的《欧盟木材法规》；澳大利亚公共木材采购政策调整后将会被纳入2012 年颁布的《禁止非法伐木法案》。

3. 欧盟的公共采购政策——森林执法、施政和贸易

欧盟在森林执法、施政和贸易行动计划（FLEGT）中，通过自愿伙伴关系协议（VPAs）开展了广泛的认证工作。自愿伙伴关系协议旨在通过能力建设和公众参与，促进木材合法贸易。目前，欧盟已与多个热带木材生产国就自愿伙伴关系协议进行谈判。欧盟森林执法、施政与贸易行动计划要求向欧盟出口木材和木制品的出口国须具出口许可证，以保证进口到欧盟的产品来自合法采伐。获得出口许可证的木材产品亦满足《欧盟木材法规》的合法性要求。设置公开透明的认证系统，是欧盟森林执法、施政和贸易木材出口许可证（简称 FLEGT 许可证）制度顺利施行的关键。这样的系统称为木材合法性保障系统（TLAS）。

自愿伙伴关系协议的谈判和实施过程都较为复杂，截至 2014 年年中，与欧盟就其进行谈判的国家均未获得 FLEGT 许可证。目前，许多热带木材生产国无法满足木材生产合法性要求及其他采购政策要求。经济欠发达国家比起木材市场上的收益，更加看重自愿伙伴关系协议本身带来的好处，如可以通过达成双边贸易协议来获得国际援助，帮助他们打击非法采伐、减少森林过度利用。

实践表明，建立森林执法、施政和贸易行动计划的社会和管理架构极具挑战性，其复杂性和耗时性甚至超越任何一方的预期。但是，该计划的实践者和双边贸易国都在朝着目标努力前行。

二、木材采购政策的影响——以比利时和意大利为例

关于公共木材采购政策的潜在影响和有效性，支持者和反对者各执一词，态度都十分强硬。通过比利时和意大利的案例可以了解公共木材采购政策对进口市场的影响。

比利时的采购政策要求所有联邦机构和部门只可使用源自可持续经营森林的木材。而意大利的外交部网站、各类文件中，均无明确的公共木材采购政策。

比利时的木材采购政策对经济的直接影响有限。由于经济疲软和其他产品的替代，热带木材进口总值显著下降：比利时热带工业原木进口总值在2001～2012 年的 10 多年间下降了 49%，热带锯材进口总值增加了 45%，但胶合板进口总值下降了 36%。

意大利家具制造业和建筑业十分发达。但自 2008 年开始，该国家具出口明显减少，建筑费用也持续减少。意大利在 2001～2012 年间从欧盟 27 国进口的 HS 44 木材产品总值有所增加，但对国际热带木材组织生产国的进口总

值下降了68%，对非欧盟成员国的国际热带木材组织消费国进口总值下降了17%。由此可见，对于 HS 44 木材产品的进口，相较具备公共木材采购政策的比利时，尚无该政策的意大利下降得更加明显。

在欧洲其他进口市场还做过许多类似的比较。除了波兰（过去 10 年中处于经济转型期），其他国家无一例外地缩减了从国际热带木材组织生产国的进口木材量，尤其是在 2008～2012 年中受金融危机影响最大的国家，其木材进口量减少得最为明显，而这其中鲜有国家制定了公共木材采购政策。表明，在全球经济变化发挥主导影响下，公共木材采购政策的市场效应失灵。

对比利时木材进口的分析表明，在实施木材采购政策的前后，各界对该政策进行了激烈的辩论，热带木材进口历经了一个萧条期。由于比利时联邦政府的木材采购量不到该国木材市场总量的2%，该萧条期并不是由政府采购量的变化所致，而是归因于社会和市场的不稳定性。其后，如雨后春笋般不断出现的森林认证和产销监管链认证，有助于国际热带木材组织生产国达到政府和私营部门为实现可持续发展而制定的标准和作出的承诺。比利时从一些国际热带木材组织成员国（如喀麦隆、中国和加蓬）的进口量在近几年大幅增加。

三、木材采购政策带来的挑战

大多数情况下，热带木材供应商和消费者都会遵守公共或私营部门木材采购政策。但政府木材采购作为一个较小的市场，并非所有的木材供应商都认为，满足该采购政策中规定的认证，有利可图。目前，不同的森林认证体系尚未达成一致，国家和私营部门间的认证要求存在细微差别，增加了认证成本，并造成了供应商和消费者之间的分歧。

对热带木材供应商来说，满足采购政策的能力和成本，取决于其具有的能力。资本雄厚的企业，通过获得森林管理委员会（FSC）或森林认证计划（PEFC）的认证，来达到木材采购政策的要求。通过制定行业政策来保证公共部门木材采购的合法性如欧盟森林执法、施政与贸易，需要较多的技术、能力和资源支撑。它是一个值得努力的目标，但过程中投入大量成本。

四、政策建议

对近年的木材市场的分析表明，热带木材供应商在许多新兴市场的竞争中占据优势。此外，热带木材生产国在南—南贸易和各自国内的市场中所占的份额迅速提升。国际热带木材组织应针对这些市场采取对生产国有利的新政策，促进木材生产合法化和可持续。因此，国际热带木材组织及其成员国要加强与新兴市场的关系。

研究表明，资本雄厚的企业有能力进行产品研发、投入资金发展市场营销，来树立产品的社会形象。同样，该类企业为获得客户信赖，也愿意投入资金来取得产品的环保认证。而热带地区具有市场影响力、能够跻身国际市场的林产品企业少之又少，这亟须国际热带木材组织及其成员国找到原因。

虽然传统木材市场仍很重要，但传统市场中热带木材的出口份额却在下降，所以国际热带木材组织要在传统市场的基础上以更长远的眼光进行政策设计。过去30年，经济增长和热带木材贸易模式发生了巨大变化。热带木材生产国和消费国应更加关注新兴市场中木材交易的可持续性、合法性、生命周期和可再生性。这些市场代表着未来发展方向，国际热带木材组织将在木材贸易及采购等政策的发展和实施中发挥重要作用，如绿色建筑条例（green building codes）。因此，国际热带木材组织及其成员国在新的市场面前，须摒弃旧的观念和做法。

（摘译自 The Impact of Timber Procurement Policies Ananalysis of the economic effects of governmental procurement policies in tropical timber markets；编译整理：张多、陈串）

全球环境基金总结 24 年林业合作经验

全球环境基金最近发布《森林和全球环境基金》（Forests and the GEF）报告。指出，自1991年在圭亚那启动首个林业合作项目以来，至今，全球环境基金已经实施了超过380多个项目，与其他机构共同为林业项目提供了95亿美元的资金。回顾过去24年的历史，全球环境基金认识到，须充分承认森林的多功能性，并基于此，设计适合的管理体系，建立长期可持续的方法，以保护森林、促进其提供生态产品和服务、改善生计。为了将这一宝贵经验转化为行动，全球环境基金谨遵联合国生态公约，始终坚持森林保护、可持续经营和管理的基本原则。自2008年开始，全球环境基金作出调整，将重点集中在森林可持续管理（SFM）上，包括实施2008年的热带森林账户项目（Tropical Forest Account）、森林可持续管理战略（对低森林覆盖国家增加额外支持）。特别是，全球环境基金重点支持对森林可持续管理作出政治承诺的国家，其承诺推动将森林纳入国家可持续发展框架和联合国2015年后发展议程。

（摘译自：Forests and the GEF；编译整理：赵金成、曾以禹、张多；审定：张利明）

美国白宫报告：气候变化对美国国家安全的影响

5月20日，美国白宫发布《气候变化对美国国家安全的影响》（*the National Security Implications of a Changing Climate*），指出，气候变化在全球范围内产生广泛影响，其中美国国家安全不断面临气候变化带来的新威胁，包括国内、国际和军事三方面。

——国内影响

一是沿海地区。沿海地区在气候变化威胁中首当其冲。气候变化导致海平面上升、风暴和洪水加剧，越来越容易危及关键的基础设施、重要的军事设施和飓风疏散通道等。海平面的上升和洪水灾害的加剧还会严重威胁交通基础设施，淹没机场、港口、船坞、公路、铁路、桥梁等交通设施。如纽约港，其海平面较1900年上升了一英尺，加剧了风暴灾害，导致850万人失去电能供应，造成了数百亿美元的损失。

二是北极地区。北极地区面临的威胁看似与多数美国人无关，但实际上，该地区发生的变化将对美国的大部分区域产生深远影响。北极气温的上升速度为世界其他地区平均速度的两倍，导致大量冰川融化，严重加剧了海平面的上升。海洋温度的不断上升还导致一些鱼类向北迁徙，影响了海洋生态环境和靠其为生的地区经济。北极的诸多变化将会危及全球海洋食品安全，增加经济、社会和政府机构的额外负担。

三是基础设施。表现在三方面：极端天气事件不仅影响能源生产，还影响能源运输和配置，导致能源供应中断，并影响其他依赖电力供应的基础设施；尽管暖冬将减少冬季的能源需求，但夏季气温的不断升高将会增加夏季用电，产生更高的用电负荷，总体来说，净用电需求将会增加；水资源可获取量的改变将影响电能生产。长远来看，海平面的上升、极端风暴和涨潮事件，将严重破坏能源系统、市场和消费者依赖的海岸设施。

——国际影响

气候变化协同其他全球动态，包括人口增长和城市化进程，将导致土地、房屋和基础设施的破坏。气候变化还将加剧水资源短缺，提高食品成本，影响资源竞争，增加经济、社会和政府机构的额外负担。此外，还将加剧全球压力，如贫困、环境恶化、政局动荡，以及为恐怖活动和其他暴力行动创造条件。在人口变化、资源趋紧、气候变化和全球传染病压力威胁下，一些政府所要着力应对的甚至是如何解决人们的基本生活需求。

目前来看，气候变化的短期影响对机构设置不完善的贫困国家更为显著，特别是非洲和亚洲。美国作为世界大国，因气候变化可影响到其区域稳定性，因此应对气候变化具有战略重要性。

——军事影响

气候变化将直接影响美国的军事完备性，其以多种方式影响军事设备和运行，如减少可用土地面积，缩减水资源供应，加剧洪水和火灾，干扰电力供应等。海岸侵蚀和海平面上升可显著影响近海岸的军事装备，不断升级的热浪也将严重威胁户外训练和个人体能。此外，气候变化还会影响军用物资的购买、运输和储存，进而影响物资供应。

气候变化还会影响武器系统的当前和未来计划。考虑到长期暴露的温度、湿度和沙尘条件，武器研发人员应提高武器的维护性能，并在设计中根据当前的气候状况，预设出更为不利的气候影响。

在美国西南部的一个军事基地，史无前例的洪水和暴雨摧毁了160件军事设备和其他基础组建，造成6400万美元的损失。在阿拉斯加海岸，一些空军预警和通信设施长期遭受海平面上升、海冰融化和冻土的威胁。海岸侵蚀严重破坏公路、海堤等基础设施，产生2500万美元的修理费用。

总之，气候变化将影响全球经济和社会，增加弱国负担和美国本国资源压力，干扰美国军事任务，威胁北极地区和沿海地区。美国急需制定强有力的恢复措施，以保卫国家安全、强化海外任务。

（摘译自：The National Security Implications of a Changing Climate；编译整理：张多、赵金成、曾以禹；审定：张利明）

美国林业产业发展全球定位分析

最近，美国林务局发布《美国林产品产业的全球定位》（*The Global Position of the US Forest Products Industry*）报告，指出，从总体趋势而言，美国在全球林产品市场中的份额不断下降，其中，工业原木及其加工产品的全球份额从1999年的峰值28%下降为2012年的17%。这主要是由于周期性因素的协同作用，尤其是美国建筑市场和纸产品生产的周期性衰退。未来，随着建筑市场的周期性复苏，林产品市场份额有望重回20%。但是，纸生产部门可能很难恢复，意味着工业原木生产的市场份额，难以攀升到20世纪90年代的巅峰水平。总的来说，是木材的需求而非供给限制了美国生产的增长。

目前，有两大因素刺激林产品生产增长，亟须抓住并利用好它们：一是建筑标准鼓励使用更高、更大的木建筑结构，可能刺激建筑部门的木材需求；二是能源部门的木材需求增长，是另一个新希望。具体来说，木材需求表现出以下特征：

——人造板的下降趋势最为明显：第一，由于工程系统的原因；第二，由于媒体对于纸张的使用量减少、回收量增加。同时，中国及其他快速发展的国家，如巴西、俄罗斯，导致美国木家具出口逐步转向消费者快速增长的亚洲。

——木质能源的需求不确定，美国仍未实现森林生物质能源的应用。由于美国关于木材生物质能源的政策问题在短时间内不会得到解决，因此，木质能源需求提高的可能性较小。另一方面，生物质材料中开始涌现出对木质纤维的需求。2014 年开展的研究估计，美国市场纳米纤维素的潜力为 640 万吨/年，特别是纸张和包装、建筑、汽车制造、纺织，以及个人护理产品行业的应用。但受森林面积以及技术革新的制约，目前基于林业的纳米材料的发展潜力较小。

——木材替代品的发展也很不确定。尤其在建筑行业中，虽然木材是住宅建设的首选建材，其他替代材料很难达到木材的易用性和低成本，但目前非木材类替代品的使用逐步增加，如钢铁、混凝土、塑料等。

综合来看，两大关键因素影响未来趋势。一是欧洲、北美和日本等国家的人口。日本由于人口下降和经济停滞，导致了林产品市场衰落。欧洲作为林产品出口的重要区域，不仅经济萧条，人口几乎保持不变。外国市场媒体对纸张的需求量下降也引起美国纸张生产和消费的大幅下降，并且这一趋势在欧洲及其他国家蔓延。二是政策。推出加大建筑木材使用量的政策将有助于促进美国木材消费。目前美国白宫农村委员会宣布制订计划并筹措资金，以促进木材在高楼建筑中的使用。在美国和欧洲，林产品可再生能源政策也会影响整体木材消费，未来的碳交易市场中，也更倾向于木材而非混凝土和钢铁的使用。另外，在全球市场交易中，林产品可持续性认证计划可能会影响美国林业产品的进出口市场。

从长远来看，在其他国家木材资源存量逐渐减少的同时，美国丰富的资源条件以及林业转型，都为林木制造业提供了较好的竞争优势，扩大美国的木材供应，对于促进美国市场份额增长极为重要。

（摘译自：The Global Position of the US Forest Products Industry；编译整理：赵金成、曾以禹、张多、申津羽、何静）

美国林务局：美国森林对饮用水的贡献

最近，美国林务局发布《国有林地在美国南部地区饮用水供给中的地位》报告。这项研究由美国林务局南方研究站完成，采用水分供需计算模型（water supply stress index，WaSSI），基于监测网体系，测算地区和国家层面由生态系统提供的可获水数量，并运用美国环保署的安全饮用水信息系统（Safe Drinking Water Information System，SDWIS）报告获取饮用水的具体人群和社区。

报告指出，世界上 105 个大城市中，有 33 个（约占 1/3）直接依赖森林保护区提供饮用水。研究表明，美国南部的 13 个州，每年地表可饮用水供给的 9 亿立方米中，国有林贡献了 3.4%，私有和州有林贡献了 32.4%。在南方地区 6724 处公共水源地中，1541 处水源地从南方 13 个州上的国有林获得了水源，为 1900 万人提供了饮用水服务。在这 1541 处水源地中，427 处超过 20% 的水源来自于国有林地，总共为 320 万人提供饮用水。同时，南方地区 6188 处私有或州有林地上的水源地，为 4870 万人提供了饮用水服务。在这 6188 处水源地中，3143 处超过 20% 的水源来自于私有或州有林地，为 2900 万人提供饮用水。

报告还提供了丰富的案例。位于阿巴拉契亚山的 Chattahoochee 国有林区，面积约 147 万英亩（约 59.5 万公顷），是几条重要河流的源头，包括田纳西河、库萨河、查塔胡其河。它为 283 处公共水源地供应饮用水，服务范围涉及 610 万人。其中超过 2 万人，其超过 50% 的饮用水直接获取自该林区周边的水源地。Buford 大坝将位于林区的 Chattahoochee 河围建形成 Lanier 湖，大坝由陆军工程兵团经营管理，提供水供给、发电、防洪和休闲功能。该水库为亚特兰大地区提供了丰富的水供给：每天为 350 万人提供 3.77 亿加仑。由 Buford 大坝 Lanier 湖送达或调节周边县区水供给的范围包括：Gwinnett 县（服务 75 万人，约 17% 的水来自 Chattahoochee 国有林）、DeKalb 县（服务 67 万人，约 14% 的水来自 Chattahoochee 国有林）、亚特兰大（服务 65 万人，约 11% 的水来自 Chattahoochee 国有林）。

（摘译：Quantifying the Role of National Forest System Lands in Providing Surface Drinking Water Supply for the Southern United States；整理：赵金成、何静、张多；审定：张利明）

《湿地公约》第 12 届缔约方大会主题
"湿地，我们的未来"

　　《湿地公约》第 12 届缔约方大会于 6 月初在乌拉圭埃斯特角城举行，会议以"湿地，我们的未来"为主题，重点审议 2016～2021 年公约战略计划、湿地城市认证等决议草案，并将研究公约各机构工作报告。

　　目前国际重要湿地达到 2186 个，面积约 2.09 亿公顷，构成了一个人类和自然的生命支持网，全球超过 6.6 亿人直接依赖湿地用于渔业、灌溉、饮用水等用途。会议指出，湿地对人类永续发展至关重要：一方面，提供了广泛的生态系统服务，如生物多样性、供给水、净化水、调节气候、调节洪水、海岸防护、有用纤维、生态文化和旅游；另一方面，在交通运输、粮食生产、水资源风险管理、污染控制、渔猎、休闲和生态基础设施提供等经济活动中发挥关键作用。我们采集和使用的大多数水来自湿地，但由于目前湿地分布不均，加之农业开发和人们无节制的用水需求导致的湿地退化和损失日趋严重，致使超过 7 亿人生活在难以获取清洁水的地区。1997～2011 年，全球范围内淡水湿地的损失估计经济成本为 2.7 万亿美元/年。

　　会议通过了 16 项决议，发表了埃斯特角声明（Declaration of Punta del Este），呼吁所有拉姆塞尔湿地对于实现 2015 年后发展议程的可持续发展目标要起到直接增进作用。为了人类的可持续发展，要增强行动预防、制止和扭转湿地的丧失和退化，要推进 2016～2021 年公约战略计划的实施；承认泥炭地在调节气候方面的关键作用；发挥湿地在减少灾害风险方面的关键作用；保护湿地的水条件以维持其支持未来和现在发展的健康状态；欢迎野生鸟类和湿地基金会（WWT）作为公约的国际组织合作伙伴；建立世界城市湿地认证制度，以保护受城市不断扩张威胁的城市和城郊湿地；保护地中海盆地岛屿湿地。

　　（摘译自：http://www.ramsar.org/news/global-actions-needed-to-restore-and-Protect-the-world's-natural-wetlands；编译：赵金成、曾以禹、张多；审定：张利明）

欧盟委员会通过并正式发布
第二版欧盟生态保护报告

5月20日，欧盟委员会正式通过了《欧盟自然现状：2007～2012年欧盟鸟类指令和栖息地指令管理的栖息地和物种现状报告》（*The State of Nature in the European Union Report on the status of and trends for habitat types and species covered by the Birds and Habitats Directives for the* 2007 – 2012 *period*），报告主要对欧盟陆地和海洋生态系统的现状、各种类型生态系统受到的威胁、欧盟自然2000生态网的功能，以及保护措施、趋势和保护对策进行了详细论述。现将报告内容摘要编译整理如下，供参考。

一、发布生态保护报告的背景

欧洲是世界上人口最稠密的地区之一，在漫长的土地利用历史中，打造了优美的生态景观。但1900～1980年间，由于土地利用变化、基础设施建设、人口和城市扩张，在欧洲大约失去了其2/3的湿地，自然景观受到了大规模破坏。

自然生态系统提供维持生命必需的食物、能源、原料和水，也有利于以可持续、绿色化的方式促进经济和就业，还是我们宝贵的文化遗产的一部分，能激发灵感、增进知识。自然资本的丧失引起了欧洲各方关切。

鸟类指令和栖息地指令（以下简称指令）是欧盟保护自然、促进可持续利用自然的主要法律工具，尤其是通过自然2000生态网，极大地保护了高价值生物多样性地区。这些指令也是欧盟2020生物多样性战略的重要组成部分，它倡议到2020年，欧盟停止生物多样损失和生态系统退化，并尽可能恢复它们。这些指令也有助于欧盟实现其对世界作出的承诺。

对自然生态系统作出良好评估，建立优良的数据系统，有利于实施相关指令。报告详细描述了2007～2012年报告期内，执行指令对关于450种野生鸟类、231种栖息地类型和1200种其他物种产生的成效。

二、生物多样性生态保护评估

评估主要采取分等级评估办法：一是对于保护现状分为良好、不足、恶化、未知四个等级；二是对于保护趋势（2007～2012）分为改善、稳定、恶化、未知四个等级。评估结果如下：

——栖息地

相对物种来说，栖息地的保护不力。整个欧盟，16% 的栖息地处于良好状态，保护不足和恶化状态合计占到 3/4，其中恶化状态占到 30%。

农业开发和改变自然状态是两个经常被报告的破坏栖息地的因素，此外还包括人类活动和大自然的干扰。

——鸟类

被评估的鸟类中，超过一半处于安全状态，大约 15% 受到威胁或处于减少状态，另外 17% 受到威胁。一些鸟类大大受益于采取的适应性土地利用模式调整，尤其是在自然 2000 生态网保护区内，效果更为显著。如在西班牙、葡萄牙和奥地利，亲环境的土地利用措施，很好地保护了大鸨（Great Bustard），而在未采取措施的欧洲其他地区，这一鸟类仍处于减少趋势。另一个典型的例子是，白背啄木鸟（White-backed Woodpecker）在欧洲其他地区处于减少趋势，但在芬兰，因采取不同的森林管理方法，却处于增长趋势。

——其他物种

其他物种中，约 23% 处于良好保护状态，60% 处于保护不足状态，而18% 处于恶化状态。

黑海地区和阿尔卑斯山地区是两个保护不足的陆地区域，而北方地区和大西洋沿岸区域是两个保护恶化较严重的地区。维管束植物和两栖动物显示出较好的保护状态。评估发现，处于保护恶化状态的物种，主要集中在河流、湖泊和湿地周边。

三、生态系统生态保护评估

报告针对鸟类、其他物种和栖息地与生态系统的密切关系，评估了各种类型生态系统的保护现状。

——森林生态系统

欧盟的林地和森林生态系统以木本植物为主，约占欧盟土地面积的30%。林地和森林生态系统多用来生产木材、薪材及其他林产品。森林提供重要的生态系统服务，如减少土壤侵蚀、调节碳循环和水循环以及生产生物质能源。

欧盟林地和森林生态系统中的鸟类种群现状：近 2/3（64%）处于安全状态，9% 处于受威胁状态，13% 的种群数量出现下降，还有 14% 的种群状态未知。这在所有的陆地生态系统和淡水生态系统中，属于安全种群数量最高、受威胁种群数量最低的情况。

欧盟林地和森林生态系统其他物种的评估结果较为不佳，44% 的物种处于保护不力（不充足）状态，16% 为保护不力（恶化）状态，仅有 26% 处于保护良好状态。趋势评估显示，近 1/4 的物种将处于保护不力趋向稳定的状态，近 6% 的物种将处于保护不力趋向改善的状态，有 17% 的物种处于保护不力趋向恶化的状态。

　　欧盟林地和森林生态系统的栖息地评估结果相对更为不利，仅 15% 的栖息地处于保护良好状态，54% 处于保护不力（不足）状态，保护不力（恶化）的栖息地占 26%。趋势评估报告显示，保护不力趋向稳定的栖息地和保护不利趋向恶化的栖息地将分别占 40% 和 28%，保护不利趋向改善的栖息地仅占 3%。

　　鸟类极易遭受来自林业和农业的威胁，尤其是森林和人工林的管理利用。因此，枯死木的清除和森林抚育非常关键。种植活动的改变也是一大威胁，通常来自农业集约化和耕地的除草。

　　非鸟类物种面临的主要威胁无疑与林业相关，森林和人工林的管理利用是影响非鸟类物种的主要因素。

　　林业和自然条件的改变是栖息地面临的最大威胁，即森林和人工林的管理经营（主要指枯死木的清除），还有水体状况的改变。群落演替、外来物种入侵是栖息地面临的另一主要威胁。

　　对于物种来说，最佳保护措施是"栖息地和物种的法律保护"以及"建立保护区"，其次是"改善森林管理方式"、"恢复/改善森林栖息地状况"以及"制定特定单一物种或种群的管理措施"。

　　栖息地的情况有些许不同，"建立保护区"和"改善森林管理方式"是最重要的保护措施，其次是"恢复/改善森林栖息地状况"、"栖息地和物种的法律保护"，以及"建立自然保护区"（表 1）。

表 1　在森林生态系统上主要的物种和栖息地保护措施

五种	鸟类		非鸟类物种		栖息地	
	措施	百分比（%）	措施	百分比（%）	措施	百分比（%）
1	栖息地和物种的法律保护	22.2	栖息地和物种的法律保护	25.4	建立保护区	26.8
2	建立保护区	21.8	建立保护区	19.1	改善森林管理方式	18.9
3	改善森林管理方式	11.5	制定特定单一物种或种群的管理措施	8.4	恢复/改善森林栖息地状况	18.4
4	恢复/改善森林栖息地状况	7.9	改善森林管理方式	8.2	栖息地和物种的法律保护	8.6
5	制定特定单一物种或种群的管理措施	6.9	恢复/改善森林栖息地状况	7.7	建立自然保护区	5.6

——湿地生态系统

湿地是欧洲最受威胁的生态系统之一，近几十年已遭受重大损失。尽管湿地只占欧洲陆地的 2%，欧洲自然 2000 生态网的 4.3%，但它们对于各类物种至关重要。欧盟大多数湿地生境类型都受到了保护。

评估表明，51% 与湿地有关的栖息地都处于恶化状态，主要受到人类活动的破坏。例如在爱尔兰，有多种湿地类型，其中的沼泽因为抽取水，状况持续恶化。由于湿地状况大规模恶化，许多高度依赖湿地的物种如欧洲火腹蟾蜍(European fire-bellied toad)正在减少。而且，这种趋势很难扭转。在比利时，在众多生态项目和欧盟自然 2000 生态网的共同努力下，所有与湿地有关的栖息地正处于稳定或改善状态。由于采取针对性的有力栖息地保护措施，一些物种如大麻鳽(*Botaurus stellaris*)的种群数量正在显著恢复。英国由于实施生命计划(the life programme)，改善效果也十分显著。

报告还评估了农田生态系统、草地生态系统等陆地生态系统，此外还评估了陆地水生生态系统和海洋生态系统。

四、高生物多样性价值保护区

——自然 2000 生态网的保护功能

自然 2000 生态网(Natura 2000 network)由依据鸟类指令建立的特别保护区(Special Protection Areas)和依据栖息地指令建立的特殊保护区(Special Areas of Conservation)组成，具有很高的生物多样性价值，约占欧盟陆地面积的 18%。该生态网措施得力，2007 ~ 2012 年报告期内，特别保护区增加了 12.1%，特殊保护区增加了 9.3%，实现了较好的保护。尽管取得显著成效，但是该网络的生态效益尚未完全释放出来，因为，尚未对所有的保护站点实施必要的保护措施，如根据评估，仅仅 50% 的保护点实施了综合性管理计划(comprehensive management plans)，另一个重要原因是投入严重不足，以及欧盟共同农业政策、共同渔业政策和欧盟区域政策生态保护效力没有完全释放出来。

五、主要评估结论

这是对欧盟生物多样性和生态系统保护进行的第二次系统评估，相对来说，这次的数据更为完善。

根据评估，由立法保护的鸟类和栖息地显示出恢复迹象，并有清晰的数据和指标表明，自然 2000 生态网在建立栖息地和保护物种方面发挥了重要作用，尤其是实施了必要的大尺度的保护措施。

总的来说，2007 ~ 2012 年间，物种和栖息地的整体现状并没有得到重大改善，一些物种和栖息地显示出不良保护状态，有一些甚至是恶化状态。为了实现欧盟 2020 年生物多样性战略，必须实行更强有力的保护措施。一些种群的栖息地如湿地，应给予特别关照。主要的压力和威胁来自于农业活动和水文条件的持续变化，如海洋环境的过度利用和污染，亟须扭转这种趋势。

实现欧盟相关指令设定的目标，必须对自然 2000 生态网实施有效管理和恢复活动。尽管在建设保护网上取得了成就，但在引入新的有效保护目标和保护措施方面仍然做得不够。2012 年，仅 50% 的保护点实施了综合性管理计划，欧盟提供的资金也不够充足。

物种和栖息地的保护可以通过生命自然计划（the Life Nature programme）的目标行动、欧洲农村发展农业基金（the European Agricultural Fund for Rural Development）的生态目标行动，得到改善。欧盟委员会正与成员国和利益相关者沟通，制定生态管理和恢复优良行动。这些重大的生态改善行动将同时产生巨大的经济效益，据估计，自然 2000 生态网陆地保护区通过固碳、减少自然灾害、净化水、维护健康和提供旅游场所，年经济价值为 2000 亿～3000 亿欧元。这大大激励了对生态网的进一步投资。

在欧盟法规适度与绩效项目（REFIT）框架下，欧盟最近提出自然指令的适度检查（fitness check），以检查这些指令是否有利于实现生态目标。适度检查聚焦于效率、效果和立法的价值实现。这份评估报告将为适度检查提供有效借鉴，有助于判别立法的有效性。

（摘译自：The State of Nature in the European Union Report on the status of and trends for habitat types and species covered by the Birds and Habitats Directives for the 2007－2012 period；编译整理：赵金成、曾以禹、张多；审定：张利明）

第三篇
气候变化与林业碳汇

国际气候谈判

气候公约秘书处
发布 2015 年全球气候变化协议谈判案文

2015 年 2 月 26 日,《联合国气候变化框架公约》秘书处正式发布巴黎 2015 年全球气候变化协议谈判案文,此举是朝着达成一项新的、普世气候变化协议而迈出的重要步骤。

该案文是这个月早些时候在日内瓦举行的联合国气候变化会议上达成的,涉及新协议将要包括的一些实质性内容,包括减缓、适应、融资、技术和能力建设以及采取行动和支持的透明性。

气候公约秘书处执行秘书菲格雷斯对谈判案文的发表表示欢迎。她指出,这将使各国政府尽早对案文进行研究。公约秘书处表示,谈判案文预计将在 3 月底被翻译成六种联合国正式语言之后提交给各国政府。

谈判案文的发布拉开了完成新的全球变化协议谈判的序幕。6 月 1~11 日,各国谈判代表将汇聚波恩,针对案文寻找共同点,弥合分歧,并试图在一些问题上达成共同谅解。此后,仍有两轮正式谈判将要在波恩进行,时间分别是 8 月 31 日至 9 月 4 日,10 月 19 日至 23 日。

(摘自:联合国新闻中文网)

2015 年全球气候变化协议谈判案文出炉 预示林业发展新动向

2 月 12 日，气候公约秘书处发布 2015 年全球气候变化协议谈判案文，3 月 19 日发布了该案文的六种语言版本，作为今年巴黎气候变化大会各方谈判的基础，该案文为预测气候协议新走向提供了依据，预示着未来协议的发展趋势和全球应对气候变化的政策新动向。

一、案文预示新的全球气候协议架构和趋势，主要内容包括九个部分：①总目标。巴黎气候协定的目标是遵照气候公约的最终目标实现温室气体净零排放量，并保持和提高对气候变化不利影响的抗御力。②减缓。案文多处出现"所有缔约方逐步增强减排承诺雄心"字眼，意在促进所有缔约方增强减缓承诺并报告减缓行动。③适应、损失和损害。确保公民和生态系统处于良好适应状态，确保可持续发展。④资金。所有缔约方包括随能力变化（如国力不断增强的履约国）的缔约方，应提供资金促进增强减缓气候变化行动。以绿色气候基金作为新协议下的主要资金实体，包括公共财政资金、私营资金等，形成多元化资金渠道。⑤技术开发和转移。缔约方共同促进技术开发和转移，发达国家要消除其中的障碍。⑥能力建设。总目标是帮助发展中国家识别、设计、实施适应和减缓行动。⑦减排行动和支持的透明性。在公约现有的 MRV 框架上构建透明性框架，增强清晰度和可比性，避免重复核算，确保新协议的环境完整性等，对所有缔约方的减缓行动和支持，使用共同的透明性衡量框架。⑧关于减排承诺实施的时间和程序。缔约方维持减缓承诺、开展减缓行动、报告减缓活动的时间频度和进程。⑨促进实施和履约。如何采取程序和机制监督缔约方履约。

二、案文内容预示林业发展新动向。案文多次提及森林、REDD＋和生态系统等林业相关内容，这些内容预示着林业应对气候变化的地位和主要领域，反映出新动向：

（一）案文"普适性"韵味渐浓，发展中国家承担减排负担趋势增强，将林业活动纳入国家战略促进国家减排行动趋势增强。案文提倡气候协定的"普适性"，提出巴黎气候协定的目标是实现普遍参与，使所有缔约方进一步加强充分、有效和持续执行《公约》下的承诺和现有决定；以及所有缔约方逐步加大关于减缓的承诺/贡献的力度。案文提出的谈判选项指出，在减缓方面，2021～2030 年间，发展中国家承诺承担起多样化"增强减缓行动"（DEMAs），发达国家承担"绝对减量目标"（AERTs）。发展中国家承担的这些行动，将比巴厘会议上提出的适当减缓行动（NAMAs），减排力度更大。但履行模式上可采取多元化手段，包括相对减排、强度减排目标、REDD+活动和其他计划、方案、政策、联合减缓和适应的方针等。案文强调多样化"增强减缓行动"的趋势，提高了发展中国家承担的减排义务，并赋予REDD+在国家减排战略中用武之地。

（二）案文表现出共同责任分担趋势，新兴大国承担减排义务或不可避免。案文力图淡化共同但有区别的责任原则，文本中一些地方强调"变化中的共同但有区别的责任"、"变化中的经济和排放趋势"，旨在加大所有缔约国减排力度；另一些地方进一步强调"根据历史责任、生态足迹、能力和发展状况分配全球排放预算"、"责任最大和能力最高的缔约方发挥带头作用"，这些变化趋势，力图让新兴发展中大国承担"带头作用"的减排义务。一旦形成协定，新兴大国承担的增强减缓行动义务将在减排数量、监测落实、资金技术方面构成新挑战。

（三）案文强调加强保护自然生态系统应对气候变化，有利于增强林业生态保护活动。案文强调保护生态系统应对气候变化的重要性，一是为了减少气候变暖影响促进可持续发展，案文提倡"任何议定长期目标应参照一个足以使生态系统能够自然地适应气候变化，还应顾及脆弱性和以可持续方式把握好转型"。二是强调减少发展带来的生态损害，"应根据历史责任、生态足迹、能力和发展状况分配全球排放预算"。三是要保护基本生存和生计，案文中提倡"提高抵御力，保护生态和人口及其生计和安全"，"建设能抵御气候变化的经济、社会和生态系统"，以及提倡"在气候变化规划中纳入可持续管理生态系统"。这些增强生态的趋势，有利于增强林业生态保护活动。

（四）增强实施REDD+森林减缓行动，发展中国家面临制度和技术挑战。案文中建议，缔约方应实施华沙REDD+框架协议中的森林减缓气候变化行动，包括适当采取《京都议定书》中规定的各类行动。华沙REDD+框架协议通过了与发展中国家减少森林碳排放和增加森林碳汇行动相关的7个决定，指导发展中国家实施森林减缓气候变化行动，包括制定和实施REDD+国家战略；建立森林监测体系和反映生物多样性保护的信息支撑体系；测量、报告实施REDD+的实际成效；减少毁林驱动力等。这些具体要求如"尊重保护生物多样性等保障原则"、"测量、报告实施REDD+行动实际成效"、"针对实施REDD+行动建立国家森林监测体系"等，从制度建设和技术上对发展中国家实施森林减缓行动提出了挑战。

（五）案文多处强调"综合减缓和适应两方面实施森林可持续经营"的概念，发展中国家利弊均存。"综合减缓和适应两方面实施森林可持续经营"是玻利维亚在 2012 年向气候公约提出，旨在对森林和地球生命系统进行综合和可持续管理，有效推进减缓和适应气候变化工作的机制。玻利维亚的目的是反对《坎昆协议》中涉及将包括 REDD + 在内的环境功能商业化。该机制的实施，有利于促进森林多功能效益，拓宽我国可持续森林经营资金渠道；有利于多条路径解决我国林业下岗职工就业问题；探索适应和减缓相结合的管理方式。但是，该机制将适应气候变化活动纳入其中，但可能强化适应方面而淡化森林减缓行动，可能导致资金分配偏重于流向适应领域、流向小岛国。一方面，我国受益潜力有限；另一方面，供资压力增加，强化资金责任。同时，由于该机制涉及宽泛的概念、指标构建以及不确定性等问题，面临着制定方法学指南的挑战。

另外，案文的一些新动向也为林业发展带来机遇和挑战。一方面，符合公约规则的森林碳汇的"履约效力"大幅提高。案文谈判选项指出，由气候公约批准机制产生的减排信用单位（如 REDD + 机制）可转让，缔约方也可以在新协议下用于履约。案文还建议，可用的减排交易经济机制包括：排放贸易系统和 CDM 机制。据此来看，由公约认可的森林减排信用单位的可交易效力，将进一步提升，有利于促进森林碳交易。另一方面，强调资金提供和林业减缓行动的透明性，为履约设置"新挑战"。案文为林业应对气候变化融资拓宽了资金渠道，在谈到绿色气候基金的治理时，指出要"在绿色气候基金下为 REDD + 开窗口"；按照华沙协议，通过公共财政和私营资金，为相关林业减缓活动提供资金支持。但案文对发展中国家实施林业减缓气候变化行动，提出透明性要求，增加了挑战。并指出，REDD + 活动的资金支持应通过绿色气候资金或华沙 REDD + 框架协议形成的基于结果市场机制，拨付到发展中国家。

当前，国际社会正加紧博弈磋商 2015 年气候变化协议，联合国将于今年底在巴黎举行谈判通过新协议，此时发布这份案文，将为新协议定框架、指方向，凸显联合国在气候变化领域的塑造力，影响和引导政府谈判。案文将规划 2020 年后国际气候变化走势，影响重大。下阶段，我国宜抓紧跟踪研判各缔约方最新动向和立场，加强应对研究，趋利避害，确保新协议符合国家利益。

（分析整理：赵金成、曾以禹、张多；审定：张利明）

巴黎气候大会概况和成果

2015 年 12 月 12 日《联合国气候变化框架公约》缔约方会议第 21 次大会在法国巴黎圆满闭幕，195 个缔约方国家通过了具有历史意义的《巴黎协定》（以下简称《协定》），为 2020 年后全球应对气候变化行动做出安排，协定共 29 条：目标、减缓、适应、资金、技术、能力建设、透明度、全球盘点等。预计协定将于 2016 年 4 月由各国领导人正式签署。

《协定》有六大要点：一是长远目标。全球将共同努力应对气候变化威胁，承诺将全球平均温度升幅与工业化前相比控制在 2℃ 以内，并努力争取将温度升幅限定在 1.5℃ 之内。二是减排目标。为实现长远目标，各方同意每隔 5 年重新设定各自的减排目标。目前已有 180 多个国家和地区提交了从 2020 年起为期五年的减排目标。对发达国家的减排目标规定了具体数值；对发展中国家的减排目标未提出具体数值要求，但"鼓励"其根据自身情况变化尽可能做到这一点。在此之前，发展中国家应在发展经济过程中控制碳排放增长。三是全球盘点。从 2023 年开始，每 5 年将对全球行动总体进展进行一次盘点，以帮助各国提高力度、加强国际合作。四是透明度。要求缔约方汇报各自的温室气体排放情况以及减排进展，但赋予发展中国家适度"弹性"。五是资金。要求发达国家继续向发展中国家提供资金援助，帮助后者减少碳排放以及适应气候变化。鼓励其他国家在自愿基础上提供援助。没有对这类资金援助作出具体金额规定。六是碳市场。同意设立"机制以减缓碳排放量以及支持可持续发展"，同时为各国之间自发合作实现各自的减排承诺铺平道路。

《协定》发生一大新变化，即气候治理体制变化。我国外交部表示，《协定》确立了 2020 年后以"国家自主贡献"为主体的国际应对气候变化机制安排，重申了气候公约确立的共同但有区别的责任原则，平衡反映了各方关切，是一份全面、均衡、有力度的协定。协定以各国"自下而上"的方式作为行动机制。作为气候公约下第二份有法律约束力的文件，它与第一份法律文件《京都议定书》有所不同。《京都议定书》对发达国家采取了"自上而下"的强制减排安排，导致部分发达国家不愿接受而退出，削弱了效力。

（摘自：1. 孟小珂 . 巴黎气候变化大会达成历史性协定 . 人民网；2.《巴黎气候大会近 200 国家达成巴黎协定》）

巴黎气候大会：各方评说

就本次大会及应对气候变化，各方发表了看法，择其要点，摘录编译整理如下：

——联合国秘书长潘基文指出，这是世界各国第一次共同承诺要控制排放，增强适应气候变化的能力，在国际和国内两个层面共同采取措施应对气候变化。协定是多年努力的成果，表明各国已经找到通过合作应对气候变化的新方法。《协定》发出了一个明确信号，即全球经济向低碳转型是必然和有益的。它是一个决定性的转折点，标志着世界正朝着一个更加安全、更加可持续和繁荣的未来前进。

——美国总统奥巴马表示，《协定》为世界解决气候危机建立了持久的框架，为我们持续有效地解决气候变化挑战创造了机制。英国首相卡梅伦说，这标志着为保护地球未来迈出的巨大一步。德国总理默克尔说，巴黎与此气候政策上的历史转折点将永远连在一块，未来仍然有大量的工作要做，协定是"我们有能力在未来为数十亿人民保障生活条件的希望象征"。

——中国气候变化事务特别代表解振华表示，《协定》是一个公平合理、全面平衡、富有雄心、持久有效、具有法律约束力的协定，传递出了全球将实现绿色低碳、气候适应型和可持续发展的强有力积极信号。呼吁各方积极落实巴黎成果，为《协定》的生效实施做好准备。

——世界自然基金会 12 月 16 日在其网站刊出文章《森林继续前行》(*Forests Moving Forward*)指出，《协定》重视森林应对气候变化的功能，协定文本整条论述森林，释放出一个明确无误的信号(indisputable signal)，必须将停止毁林和森林退化纳入国内政治议程的高级别事务，而不再是一个边缘主题(marginal topic)。

——世界自然保护联盟 12 月 12 日发布《巴黎协定为可持续的未来带来希望》(*Paris Climate Deal Increases Hopes for a Sustainable Future*)指出，《协定》承认大自然在应对气候变化中的重要作用。森林及其他生态系统吸收碳排放和帮助各国适应气候变化的功能，在两周的紧张谈判后，终于被成功纳入《协定》中。世界自然保护联盟总干事英格·安德森(Inger Andersen)表示，大自然是人类应对气候变化强有力的同盟，新协定着重强调基于自然的解决方案，为世界朝着更加可持续、更具有弹性、更低碳环保的未来前进，打下了坚实基础。无法承受将大自然排除在外的后果，不考虑大自然，任何应对气候变化的措施都无法获得成功。

——保护国际 12 月 12 日发布《巴黎协定承认大自然应对气候变化的独特作用》（*COP21 Agreement in Paris Recognizes Power of Nature to Address Climate Change*）指出，新协定明确承认，减少毁林和森林退化排放及通过可持续经营森林增加碳汇行动（REDD+）是未来全球应对气候变化的解决方案之一。《协定》对各国释放出一个重要信号，应当负责任管理森林并扩大 REDD+ 活动。

——绿色和平国际总干事库米·奈都说，《协议》得以通过是一个好开始，但"这场会议之后会发生些什么事情才是重要的"。他说："单靠这份协议不会让我们爬出我们身处的这个坑洞，但会让坡面没那么陡峭。"

——香港《南华早报》网站 12 月 11 日报道称中国转变令人难以置信。7 日晚上，北京首次发布了空气重污染"红色预警"，与此同时，全球领导人正在巴黎试图达成一项全球性协议并遏制此类问题。2009 年哥本哈根，中国被描述为"坏人"。但六年后，中国开始走向气候引导者的角色，是第一批提交应对气候变化国家自主贡献文件的新兴大国之一。香港《明报》社评 11 月 30 日：这次气候大会如能达成协议，中国功不可没，不仅因过去 10 轮谈判中国作出积极推动，还因今年以来中国通过外交努力，发布中欧、中美、中法、中印（印度）、中巴（巴西）气候变化联合声明，与发展中国家的协调和沟通，为大会可能出现分歧提出了解决方案。9 月发布《中美两国气候变化元首声明》，11 月发布《中法应对气候变化声明》。国家主席习近平亲赴这场气候峰会，为这场国际盛会增添了"中国元素"。美联社：中国国家主席习近平出席了会议开幕式，与美国总统奥巴马通电话，以推动达成协议。英国广播公司：中国代表团积极主动举行记者会，回答各界问题，受到好评。

——新加坡《联合早报》12 月 14 日发布报道《新加坡将全力支持维文：协定虽非完美但平衡》称，率领新加坡代表团出席巴黎大会的外交部长维文指出，《京都议定书》的一个"致命弊病"就是缺乏全球参与。《协定》要想通过，主要挑战来自不同国家是否认为协定对自己是公平的，但公平有时源于主观判断，所以须考虑不同国家国情，既为过去负责，也着眼未来。《协定》在这些方面找到了一个平衡点。

（整理：赵金成、曾以禹、张多；审定：张利明）

利马气候大会达成新的气候协议

2014 年 12 月 14 日，经过为期两周的谈判，参加利马气候大会的 190 多个成员国达成了一项新的所有成员国采取气候行动的 2015 年气候协议草案。

各国政府详细说明了新协议的内容，并计划于 2015 年巴黎气候大会通过该协议草案。此外，该协议要求各国政府于明年第一季度前提交一份详细的国内政策方案。

当新协议正式生效后，这些国家自主贡献预案（INDCs）将构成 2020 年后气候行动的基础。利马大会的另一项重要成果是，各国政府同意将"适应"提到与"减缓"同等重要的位置。

秘鲁环境部部长兼利马气候大会主席曼努埃尔·比达尔表示："利马气候大会为发展中国家的适应和复原力建设提供了新的紧迫快速追踪，不仅仅加强融资和制定国家适应计划之间的联系。""与此同时，各国政府为巴黎气候大会和下一轮的日内瓦谈判留下了一份非常清晰的协议草案"，他说道。

大会还取得了一系列其他重要的成果和决定，以及国际气候谈判史上的诸多"第一"。

● 发达国家和发展中国家在气候大会前及期间的捐资承诺，使得绿色气候基金获得的捐资承诺已超过 100 亿美元。

● 由于一些工业化国家根据新的多边评估进程质疑其排放目标，透明度和自信心建设达到了一个全新的高度。

● 利马部长宣言呼吁各国政府把气候变化纳入学校课程，提高教育和意识，并把气候意识纳入到国家发展规划当中。

气候公约执行秘书菲格雷斯表示："参加大会的各国政府宣布了一系列好消息和乐观结果，欧盟宣布采取气候行动，中美两国扩大了对绿色气候基金的捐赠承诺。""大会通过的重要决定和采取的气候行动为明年巴黎气候大会奠定了积极基础，包括如何更好地扩大减排规模、为适应融资以及采取保护森林和教育行动。"她说道。

进一步采取包括利马适应知识倡议在内的适应行动

利马气候大会把"适应"提到与"减缓"同等重要的位置：认识到国家适应计划（NAPs）是复原力建设的重要途径。

● NAPs 将会通过 UNFCCC 官网更好地展示。

● 给绿色气候基金的讨论开绿灯，各国政府如何通过提高各自的 NAPs 数量支持适应行动。

● 利马气候大会主席发布了一项包括秘鲁、美国、德国、菲律宾、多哥、英国、牙买加和日本在内的 NAP 全球网络。

● 利马适应知识倡议（内罗毕工作计划下的安第斯山试点项目）强调建立基于社区的适应需求。

各国政府支持把这些行动计划复制到最不发达国家、小岛屿发展中国家和非洲国家。

● 确定损失和损害华沙国际机制执行委员会的任期为两年，并平衡来自发达国家和发展中国家的代表。

执行委员会下开展的工作计划包括一系列的行动领域，加强对气候变化对特别脆弱发展中国家和人口（包括原住民和少数民族）造成损失和损害的理解。

● 还将研究气候变化如何影响人类社会的迁徙。

融资应对气候变化

● 各国政府协调气候融资和各种已有资金，并取得进展。

● 挪威、澳大利亚、比利时、秘鲁、哥伦比亚和奥地利政府进一步承诺捐资绿色气候基金，使得绿色气候基金的捐资承诺达 102 亿美元。

● 为进一步提高发展中国家的适应雄心，德国政府承诺向适应基金捐资 5500 万美元。

● 中国政府宣布向南南合作基金捐资 1000 万美元，并表示明年捐资翻番。

更多国家表示接受《京都议定书多哈修正案》

● 瑙鲁和图瓦卢提交多哈修正案接受书。

为了搭建 2020 年全球气候行动的势头，联合国鼓励各国政府加快接受国际减排条约《京都议定书》的第二期承诺。

发布新的气候行动门户，并作为利马气候行动议程的一部分

● 秘鲁政府在 UNFCCC 的支持下，发布了一项新的门户，以提高城市、地区、企业和投资者之间气候行动财富的可见性，包括那些国际合作下的协议。

● 该门户名为"纳斯卡气候行动门户"，旨在通过展示非政府组织行动财富，为巴黎气候大会注入额外的动力。

确保发达国家行动的透明度

● 在利马发布的多边评估是 UNFCCC 下测量、报告和检验减排实施情况的里程碑事件。

两天的时间，其他国家和公约缔约方评估了 17 个发达国家量化的整个经济减排目标。多边评估展示了很多政策和技术创新方面的最佳实践，以及国家经济增长与排放相脱钩的案例。

森林和利马 REDD + 信息中心

各国政府在利马同意避免森林砍伐。

●哥伦比亚、圭亚那、印度尼西亚、马来西亚和墨西哥正式向 UNFCCC 秘书处提交其森林部门温室气体减排的信息和资料。

这些基线将可能提高获得国际基金援助的可能性，如减少毁林和森林退化所致排放量（REDD + ）。为支持该项目，利马气候大会主席宣布在 UNFCC-CC 官网上建立一个"信息中心"，聚焦各国在 REDD + 方面采取的行动。

为发展中国家提供技术援助

利马气候大会释放出了一个重要的信号，即加快联合国和其他国际机构对发展中国家的技术转让和援助。

●气候技术中心和网络表示，今年已收到 30 个技术援助要求，明年将可能增长至 100 多个。

●UNFCCC 技术机制通过考虑绿色气候基金和 UNFCCC 融资机制的联系，得到了进一步的加强。

利马气候大会前夕发布了技术机制下援助的第一个研究项目，即监测气候变化对智利生物多样性的影响。

利马性别工作计划

●利马大会同意利马性别工作计划在气候政策的制定和实施方面促进性别平等和推动性别敏感性。

教育和提高意识

●利马大会宣布了教育和意识提高利马部长宣言。

该宣言旨在发展教育战略，把气候变化纳入学校课程当中。此外，在国家发展和气候变化战略的制定和实施中提高对气候变化的意识。

秘鲁和利马发布利马—巴黎行动议程

●秘鲁和法国政府联合发布利马—巴黎行动议程，催化气候行动，进一步提高 2020 年前的雄心并支持 2015 年气候协议。

●该议程以 2014 年 9 月的联合国气候峰会为基础，旨在催化国家、城市和私营部门的行动。

● 此外，该议程有助于召集重要的全球、国家、地区和当地领袖展示非政府组织的重要合作伙伴关系和行动。

（摘自：联合国环境署中文网）

世界资源研究所：利马大会为巴黎气候协议打下基础的七大关键进展

2014 年 12 月，各国代表参加利马国际气候大会。经过两周的艰苦谈判和紧张的最后磋商，参加利马气候大会的各国代表为明年在巴黎顺利达成全球气候协议打下基础。正式谈判结束一整天之后，COP20 与会代表才就两项主要任务达成一致：

● 决定了 2015 年 12 月巴黎气候大会前的谈判基础——案文草案；

● 就 2020 年后国家气候行动计划的信息披露范围达成一致。各国正努力制定目标和行动计划，并在明年 3 月之前或随后提出。

联合国气候变化框架公约第 20 次缔约方大会（COP20）最为重要的进展包括：谈判案文草案的重点内容、各国行动信息和评估、融资、适应、损失和伤害、2020 年前的雄心水平、森林和土地恢复、城市。

1. 谈判案文草案的重点内容

利马会议上，最鼓舞人心的进展是各国对长期减排行动给予巨大支持。100 多个国家倡议制定长期减排目标。这将释放出强有力的信号——低碳经济势不可挡。各国纷纷支持定期评估并强化各国在减排、适应气候变化和支持低碳发展方面的行动。在这些改良机制下，巴黎协议对气候行动的推动作用将持续数十年之久。

2. 自定国家贡献的信息和评估

去年华沙大会决定，每个有条件的国家都应在 2015 年 3 月前提出国家自定贡献（INDC）。利马大会的一个关键问题在于如何在巴黎大会前展示并评估各国的国家自定贡献。谈判结果向前迈出了重要一步，要求各国在提出贡献时提供重要信息，包括涵盖领域和气体种类、方法论和核算方法等。此外，各国还应说明其行动的公平性和雄心水平。世界资源研究所《建立气候公平》报告提出了一个工具以比较不同定义下的公平。这一信息将有利于比较各国行动，明确各国的集体行动如何叠加，从而达到全球平均气温上升不超过

2℃的目标。这是利马决议最重要的内容之一——各国都将在 2015 年 3 月之前制定并提交国家自定贡献。这并非强制性要求，但却为提高 2020 年后行动的透明度打下基础，并促使各国在制定国家自定贡献时产生同伴压力。利马决议还授权联合国气候变化框架公约秘书处发布对各国贡献的综合分析结果，并以此为标准，衡量各国行动加总之后是否能达到温度上升不超过 2℃ 的目标。

遗憾的是，这一决议未能建立各国展示并讨论贡献的平台，错失了利用建设性讨论增进了解和信心的机会。世界资源研究所将对各国贡献进行分析。决议本来还可给公众评论国家自定贡献的机会，但这一提议未被谈判通过。这些问题既可纳入巴黎协议本身，很可能会成为 2015 年谈判的关键问题。加强评估环节并进一步提高雄心是十分重要的。

3. 融资

利马谈判从一开始就充满活力。COP20 召开数周之前，各国就陆续对绿色气候基金进行大额捐款。第二周谈判期间捐款金额进一步增加，总额已超过 100 亿美元。这是非常重要的里程碑，既展示了捐赠国对绿色气候基金的信任，又让发展中国家增强得到资金支持的信心。共有 27 个国家作出了捐款承诺，包括秘鲁、哥伦比亚、墨西哥、韩国和蒙古等五个发展中国家。在这些资源支持下，绿色气候基金可以开始将资金用于实地紧急的项目，加强气候韧性，促进低碳经济和技术发展。

关于如何为气候行动筹集资金的谈判进展缓慢，但是各国在构成明年巴黎协议基础的谈判案文要素方面达成一致，包括建立 2020 年后融资机制。尽管利马决定"敦促"发达国家提供支持，融资并不是国家自定贡献中明确的要求。因此，谈判代表需要在巴黎协议上为各国的融资承诺内容找到一个合适的落脚点。

关于长期气候融资的决定并没有提出发达国家如何实现 2020 年前每年筹集 1000 亿美元的路线图。但是，缔约方大会要求发达国家在两年期报告中说明如何就扩大气候融资"加强可得的定量或定性元素"。世界资源研究所和 OECD 对各国政府动员私营部门的融资进行估算，可以为满足这些报告要求提供帮助，并提高如何达成 1000 亿美元目标的透明度。

我们还需在融资方面取得更大进展才能确保在巴黎达成全球协议。谈判案文草案的基本要素已经确定，谈判人员应在明年努力工作，确定巴黎协议如何具体规定 2020 年后气候金融的来源、渠道、分配和水平。谈判人员应在愿望和现实间达成平衡，合作和妥协是促进更多气候金融资金、数万亿美元从高碳向低碳经济增长转移的关键所在。

4. 适应气候影响

不容置疑的是，利马大会比以往任何一届联合国气候变化框架公约缔约方大会更加关注气候适应。发展中国家希望适应与减排在巴黎协议中具有同等体现，因而进一步提升了人们对适应的关注。人们对适应兴致高涨——以至于适应谈判时会场只有站位——说明各国迫切需要应对严峻的气候影响，如百年不遇的洪灾、热浪和海平面持续上升等。

利马大会最激烈的争论是应否将适应和减排纳入国家自定贡献。一些发达国家希望国家自定贡献仅限于减排，而发展中国家则认为自身在气候影响韧性方面的努力应得到认可。最后，各国决定将适应包含在国家自定贡献之内，但对适应信息披露范围的指南有限。大会未能确定如何对适应的贡献进行评估。

但是谈判人员明确了两点：一是同意改善国家适应计划的报告程序，二是重申关注损失和危害的工作计划，即如何应对适应无法完全应对的气候变化后果（如岛屿沉没、地区作物种类流失等）。今后两年，各国将识别损失和危害的活动和需求，开发分析工具，分享最佳实践。

在巴黎会议召开之前，谈判人员应该加快适应、损失及危害方面的工作，决定如何：

- 在巴黎协议中制定全球适应目标
- 根据国家适应计划和贡献，建立持续的适应改良体系
- 做好基础工作，以应对适应和减排措施无法阻止的气候变化产生的损失和危害
- 确保发展中国家拥有足够资源加强气候韧性

5. 2020 年前的雄心

除了 2020 年后协议问题之外，利马大会重点关注各国可采取其他哪些行动以抓住机遇进一步加速减排。为推动这一重要问题，大会专门就这一问题设立了谈判轨道。

过去一年，一系列技术专家会议展示了低碳经济转型的可行办法。在利马大会上，联合国气候变化框架公约推动各国利用已有经验开展更有雄心的短期气候行动。

各国决定继续分享经验，遏制排放，采取最佳政策方法以实现最大的减排潜力，并将在 2020 年前继续召开技术专家行动会议。利马气候行动高级别会议突出了私营部门、养老金、城市和原住民的行动，并开启了每年召开高级别论坛的传统。随着这一新论坛的建立，各国切实的进展将在未来数年不断为气候谈判提供助力。

6. 森林和土地恢复

去年，REDD＋在融资、透明与保障措施、监管和核查方面取得显著进展，大大减少了本次气候大会的负担。利马大会仅讨论了少数几个 REDD＋

议题，其中之一是进一步明确了保障措施。各国最终决定不对这一问题作更多阐述。一些国家感到失望，而另一些国家则认为这意味着各国能自行决定如何对保障措施进行报告。

此外，在巴西之后，印度尼西亚、哥伦比亚、圭亚那、马来西亚和墨西哥陆续提交了参考水平，将之作为森林砍伐排放的衡量标准，为基于排放情况拨付森林保护和恢复资金打下基础。

在正式的 COP 会场之外，全球景观论坛也推出了多项创新，其中最重大的创新是推出了 20X20 计划。该计划由拉美国家倡导，目标是恢复 2000 万公顷退化土地，超过了乌拉圭的国土面积。墨西哥、秘鲁、危地马拉、哥伦比亚、厄瓜多尔、智利、哥斯达黎加和两个地区项目宣布了宏伟的森林恢复计划，旨在促进碳捕获、提高生物多样性、改善民众生活，提高土地产量。五个投资公司加入该计划，将投入 3.65 亿美元用于恢复热带森林、避免森林砍伐、发展具有气候韧性的可持续农业等。

利马大会还发布了卫星森林监测和碳测绘地图等新技术。同时，全球森林观察与秘鲁森林和野生动物资源控制署建立新的伙伴关系，未来将进行数据分享并加大对秘鲁广袤森林的监测力度。

7. 城市

12 月 8 日，各地市长和专家云集古老的利马市政厅，分享经验，推动地方气候行动。里约热内卢、东京、巴黎、墨西哥城等城市参与了会议，会议重点讨论了最佳实践，承诺将进一步控制排放，并呼吁全球提高雄心水平。

利马大会最重要的城市成果是发布了《城市温室气体核算国际标准》（GPC）。这一体系由世界资源研究所、C40 城市气候领导联盟（C40）和国际地方环境行动委员会（ICLEI）共同开发。城市排放行动的第一步是确认并测量排放源，而这项工作在缺乏统一城市排放测量方法的情况下非常困难。GPC 解决了这一难题，建立了全球首个城市排放标准，使城市能使用统一方法追踪排放情况并制定可信的减排目标。

全球气候协议已现曙光

虽然任务依然艰巨，利马气候峰会却让人们看到了巴黎全球气候协议的曙光。代表们和利益相关方已返回国内，畅想巴黎峰会的积极成果。希望他们能仔细分析由全球智库联盟 ACT2015 在利马提出的综合建议《2015 年巴黎协议要素和理念》。这份建议提出了减排和适应性长期目标和五年行动评估周期，吸收了全球数百位谈判人员、政府代表和利益相关方的建议。建议为达成协议提供了实际路径，确保协议能经受时间考验，实现向低碳和气候韧性未来转型。

（摘自世界资源研究所中文网）

第二节

应对气候变化与森林碳汇

《巴黎协定》关于林业的主要内容及其亮点

《巴黎协定》（以下简称《协定》）关系 2020 年后全球应对气候变化制度安排，左右了林业在全球应对气候变化中的地位。目前，《协定》正文及其附件都用整条内容论述林业，反映了国际社会对林业应对气候变化地位的一致认可，对下一步如何激励林业发挥更大功能的重大关切。

一、《巴黎协定》关于林业的主要内容

《协定》正文单独设置第 55 条论述国家支持林业应对气候变化的重大措施，该条位于协定的第三部分"关于实施本协定的决定"资金部分，主要内容如下：

专栏-1　《巴黎协定》正文关于林业的主要内容

认识到至关重要的是充分和可预测的资金，包括酌情为基于成果的支付提供资金，以落实旨在减少毁林和森林退化所致排放量的政策办法和积极激励，森林养护、可持续森林管理和提高森林碳储量的作用；以及替代性政策办法，例如为实现综合和可持续森林管理而实施的联合减缓和适应办法；同时重申此类办法的非碳效益的重要性；鼓励除其他外，根据缔约方会议相关决定，协调公共和私人、双边和多边来源，例如绿色气候基金提供的支持，以及其他来源的支持。

资料来源：《巴黎协定》中文版。

协定附件还有两处重要的地方涉及林业活动，主要内容如下：

专栏-2 《巴黎协定》附件关于林业的主要内容

《协定》附件前言

注意到必须确保包括海洋在内的所有生态系统的完整性，保护被有些文化认作大地母亲的生物多样性，并注意到在采取行动处理气候变化时关于"气候公正"的某些概念的重要性。

2. 协定附件第 5 条

（1）缔约方应当采取行动酌情养护和加强《公约》第四条第 1 款 d 项所述的温室气体的汇和库，包括森林；

（2）鼓励缔约方采取行动，包括通过基于成果的支付，执行和支持在《公约》下已确定的有关指导和决定中提出的有关以下方面的现有框架：为减少毁林和森林退化造成的排放所涉活动采取的政策方法和积极奖励措施，以及发展中国家养护、可持续管理森林和增强森林碳储量的作用；执行和支持替代政策方法，如关于综合和可持续森林管理的联合减缓和适应方法，同时重申酌情奖励与这种方法相关的非碳收益的重要性。

资料来源：《巴黎协定》中文版。

二、《巴黎协定》关于林业内容的亮点变化

部分人士认为《协定》并不完美，约束力还不够强，离控制升温在 1.5℃ 以内的要求还比较远。但从目前全球应对气候变化趋势和政治意愿来看，这份文件相对比较圆满。其对林业的关切体现出一些新的亮点，集中表现在：

一是进一步凝聚了政治共识，林业在 2020 年后全球应对气候变化中的地位得到明确承认。多年来，各方对森林在全球碳循环中的地位和应对气候变化的作用基本达成一致，形成了科学共识。这次巴黎会议进一步凝聚了政治共识，各方对采取政策行动增强森林应对气候变化给予充分认可，包括美国、WWF、IUCN 等国家或国际组织。国际上一些林业专家分析指出，"《巴黎协定》(附件)第 5 条表明，草率地为了农业或其他项目而毁林的时代已经结束（drawing to a close）"。森林趋势专家 Gustavo Silva-Chávez 指出，"通过巴黎会议我们应认识到，林业在《协定》中占据了独立的一条(stand alone article)，不是减缓内容中的一两句话而是整条，许多国家对此正表示重大关切"。

二是覆盖更广，进一步扩大了通过发展林业应对气候变化的国际影响。《协定》虽然还要等明年各国领导人正式签署，但目前乐观估计，其影响超过《京都议定书》，参与协定的缔约方明显增加，特别是美国、加拿大等大国。专家们认为，这份普遍适用的《协定》要求所有缔约国保护和增强"碳汇和碳库"。其关于林业的决定将会在更多国家和地区得到重视并加以落实，发展林业应对气候变化更加扩大升级。

三是活动更丰富，进一步明确了发展林业应对气候变化的主攻方向。《京都议定书》主要涉及造林再造林增汇活动，对森林可持续经营有所提及。《协

定》涉及的内容更加丰富，主要包括：减少毁林和森林退化；保护森林、可持续森林管理和提高森林碳储量；综合和可持续森林管理的联合减缓和适应方法；发挥森林的多重效益。

四是重视系统、全面保护森林及其他生态系统。《巴黎协议》不仅仅是2020~2030年全球气候治理机制的框架，更重要的是，它折射出国际社会推动经济社会发展向绿色发展永续发展转型的共识。协定提出"必须确保生态系统的完整性"和"保护生物多样性"，要"促进可持续发展"，鼓励各国继续将保护生态系统健康提升到关系气候安全的高度。这与《京都议定书》未提及生态系统及其完整性、可持续发展相比，在理念方面发生质的变化。这些新的应对气候变化理念，与近期联合国可持续发展峰会通过的17个可持续发展目标之一"全面系统保护生态系统"（目标15），基本一致。都反映出全面保护森林及其他生态系统的国际共识。

五是更加重视林业行动的落实。《京都议定书》由于缺乏充分的政治意愿，导致多年来落实效果不佳。《协定》更重落实，各国提出的行动目标，都将受到法律约束，一旦自主决定，将进行全球盘点并每五年通报一次国家自主贡献。这表明，国际气候谈判进程有关林业的进展对我国林业发展的影响越来越凸显。我国今年6月提交的自主贡献文件提出，2030年森林蓄积量比2005年增加45亿立方米左右，为新时期林业落实协定提出了硬指标。

（摘自：《巴黎协定》中文版；整理：赵金成、曾以禹、张多；审定：张利明）

中国应对气候变化法突出制度设计

4月13日，在京举行的"气候立法的公众参与"研讨会上获悉，目前，该项法律草案的制订仍在紧锣密鼓进行。这将是我国第一个关于"应对气候变化"主题的正式法律。

需要专门法律

"我国既是温室气体排放大国，同时也是容易受到气候变化不利影响的国家之一。"国家发改委气候司综合处处长马爱民在会上如是说。

为此，我国政府也制订了一系列温室气体控制目标。如到2020年单位国

内生产总值 CO_2 排放比 2005 年下降 40%～45%，非化石能源占一次能源消费比重达到 15% 左右，并种植 4000 万公顷森林来吸收 CO_2。在去年末公布的《中美气候变化联合声明》中也提到，2030 年左右我国碳排放有望达到峰值，并于 2030 年将非化石能源在一次能源中的比重提升到 20%。

国家发改委原副主任解振华曾多次表示，这些目标的实现有相当大的困难，必须要有法律保障。

中国政法大学教授曹明德表示，气候立法的必要性除了国际气候谈判的压力外，减排也是中国的内在需求。

我国关于应对气候变化的法律和政策并非空白。如 2007 年发布的《中国应对气候变化国家方案》、2014 年出台的《国家应对气候变化规划》。"但现有法律并不能很好地解决应对气候变化的问题。"马爱民说。

具备实践基础

"政府在过去若干年中应对气候变化的实践也在不断深入，为制订应对气候变化法提供了很好的基础。比如碳交易试点、低碳城市、低碳园区、低碳社区的试点等，同时我们也编制了温室气体排放清单，摸清了温室气体排放的家底。在温室气体排放的统计核算和报告这些基础能力建设上也有了显著进步。因此，制订应对气候变化法并非'空中楼阁'。"马爱民透露。

"另一方面，国际社会在这一方面也为我们提供了很多有益的借鉴。"郭虹宇表示。

英国 2008 年出台了《气候变化法》。美国法律中也有体现气候变化立法要求的相关法律规定。

突出制度框架设计

事实上，针对气候变化进行立法的呼声与研究由来已久。

在 2009 年全国政协会议上，专家呼吁研究制订《中华人民共和国应对气候变化法》。2010 年 1 月启动了气候立法草案工作。2012 年 3 月 18 日，社科院就《中华人民共和国气候变化应对法》（社科院建议稿）在网上征求意见。

"我国应对气候变化法应该是一部综合性的法律，要通过这部法律确定应对气候变化管理的体制和机制，同时确定社会各方在应对气候变化中的权责关系。简单来说，要突出应对气候变化制度设计和安排。"马爱民透露，在突出制度性的同时，也会兼顾法律的前瞻性、宣示性以及可操作性。

曹明德表示，在法律层级上，《气候变化应对法》既是国内法，也将与国际相关法规相衔接。推动立法也有利于在全球气候变化谈判中掌握主动创造条件。

徒法不足以自行。不少专家表示，通过应对气候变化立法建立起一整套完备的应对气候变化法律体系之后，更为关键的是实施。为此，必须建立起一套完善的配套实施机制。

（作者：陈阳 来源：中国经济导报）

日本将通过森林吸收温室气体
实现减排新目标的 3/4

2013 年底，日本修改了针对防止气候变暖的温室气体削减目标，决定在 2020 年度通过森林吸收实现减排总量的 3/4。与以前相比，提高了森林吸收温室气体的地位，但是没有提出实现削减目标的财源保障目标。

日本总排放量 1990 年为 12.6 亿吨 – CO_2，2005 年为 13.5 亿吨 – CO_2，2020 年约 13 亿吨 – CO_2（目标）。2020 年的减排目标是比 2005 年减少排放 3.8%，其中 3/4、相当于 2.8% 以上通过森林吸收来实现。

在京都议定书第 1 承诺期（2008～2012 年），为确保 6% 减排目标中的 3.8% 通过森林吸收源实现，强化了年均开展森林间伐 55 万公顷的措施。预测这个间伐量能够完成，但仅靠当初预算出现资金不足，通过追加每年约 1000 亿日元的修正预算后才勉强完成。关于 2013 年以后的第 2 承诺期，国际上承认森林吸收量可按年均 3.5% 计算。但是，由于国内的森林正在进入成熟期，预测吸收量将会减少，所以在第 2 承诺期的最终年度 2020 年确保森林吸收占 2.8% 成为实质上的上限值（表 1）。

为确保森林吸收量，第 2 承诺期也必须和第 1 承诺期一样，完成年平均 52 万公顷的森林间伐。林野厅希望在采取预算措施的同时开展税制改革，如利用地球暖化对策税及创立全国森林环境税等。但是，关于扩大暖化对策税的用途，仍然遭到经济界的强烈反对。"新目标的 3/4 由森林承担"，也许成为打破僵局的突破口而引起关注。

表 1　日本在第 1 承诺期和第 2 承诺期森林吸收温室气体目标的差异

		京都议定书第 1 承诺期 （2008～2012 年）	2013 年度以后 （第 2 承诺期：2013～2020 年）
日本减排 总目标	与 1990 年总 排放量相比	（2008～2012 年平均） ▲6%	（2020 年度单年） ＋约 3%
	与 2005 年总 排放量相比	（2008～2012 年平均） ▲约 12%	（2020 年度单年） ▲3.8%

（续）

森林吸收目标		京都议定书第 1 承诺期 （2008～2012 年）	2013 年度以后 （第 2 承诺期：2013～2020 年）	
	吸收量	（2008～2012 年平均） 约 4800 万吨－CO_2/年 相当于国际规定的计算上限	（2013～2020 年平均） 约 4400 万吨－CO_2/年 相当于国际规定的计算上限 （2020 年单年） 约 3800 万吨－CO_2 以上	
	占总排放量比例	（2008～2012 年平均） 与 1990 年比：<u>3.8%</u> 与 2005 年比：3.5%	（2013～2020 年平均） 与 1990 年比：<u>3.5%</u> 与 2005 年比：3.3%	（2020 年单年） 3.0% 以上 <u>2.8% 以上</u>
（参考）森林吸收量的国际计算上限		2008～2012 年平均为 3.8% （与 1990 年总排放量比）	2012～2020 年平均 3.5% （与 1990 年总排放量比）	
确保森林吸收量的必要对策		○开展森林间伐等 55 万公顷 ○适当管理和保护防护林等 ○推进木材和木质生物量利用	○推进间伐 52 万公顷 ○适当管理保护防护林 ○推进木材和木质生物量利用 ○开展再造林 ○扩繁生长优异苗木的母树	

注：下划线数字为日本减排目标值；▲表示减少

（分析整理：白秀萍）

全球碳市场金融新动向与林业发展：
打造生态文明"绿色催化剂"

摘要：森林是陆地生态系统中最大的碳库，在应对气候变化中举足轻重。林业碳汇随《联合国气候变化框架公约》和《京都议定书》的相关谈判进展而受到关注。2012 年林业碳汇项目开发活动拓展到了 58 个国家，2013 年林业碳汇等碳抵消信用总成交量达到了 3270 万吨 CO_2 当量，总市值超过 2 亿美元。

林业碳汇具有成本低的优势，是应对气候变化比较经济和现实的一大手段，是中国政府承诺减排的三大目标之一。林业碳汇交易对于创新林业发展机制、突破林业发展瓶颈、提高林农收入等具有重大意义。2013 年中国启动区域碳排放权交易试点，以林业碳汇为代表的碳抵消，成为控排实体重要履约手段。

目前国际上有两个典型碳市场（美国加州和新西兰），通过创新碳金融支持生态建设。一是将林业碳汇统筹纳入国家碳排放权交易体系。统筹协调国家碳排放权相关金融和财政政策，实现与林业相关政策的协调推进（生态补偿、造林、生态工程投资等政策），在林业增汇减排中着力促进生态改善林农就业增收。二是设计林业碳汇多元化投融资渠道，设立林业碳汇发展基金，设立投资基金，促进生态服务市场化。

不管是从国际林业碳汇交易的发展趋势还是中国在碳排放权交易试点上的突破性进展来看，将林业纳入碳排放权交易、开发碳金融支持生态建设大有可为。

（分析整理：赵金成、曾以禹、张多；审定：张利明）

美国加州：省级市场的典范

摘要：加州是美国经济和人口第一大州，于 2012 年建立并正式运行美国第一个全州范围内的碳排放权交易市场。该市场以立法为基础、以管理体制和监测机制为保障、以排放配额为约束和激励，运行效果较好。为减轻负担，州政府在碳配额基础上，为控排实体设计了履约新途径，即林业碳汇。运行几年来，该市场通过加强法律管制、完善制度设计、稳定市场价格、创新金融手段，有效支持林业发展，逐步建立起"配额拍卖收费＋市场投资基金"结合，支持生态建设的"绿色催化剂"。

概况

美国加利福尼亚州经济总量为 2.2 万亿美元（2013），相当于世界第八大经济体，也相当于中国经济总量的 1/4，其 GDP 居美国各州第一，人口约3800 万，也居美国各州之首，面积约 42 万平方公里。

2006 年，加州政府通过了《全球气候变暖解决方案法案》（AB32），要求在 2020 年将温室气体排放降到 1990 年水平，2050 年再进一步减排 80%。为实现这一目标，州政府批准了总量控制及交易计划，对区域内 2013～2020 年的排放设置了总量控制。

2012 年，加州碳市场启动，交易主体是年排放量超过 2.5 万吨 CO_2 当量的企业，覆盖了电力、石油炼化、炼油、钢铁、造纸、水泥、林业等行业。

循序渐进建立碳交易市场和碳金融框架

加州碳市场遵循循序渐进的建设原则，从 2006 年制定气候法案到 2012

年运行，历经六年多的实践探索。为了维护市场稳定运行，州政府精心谋划，完成了相关制度设计：

一是出台专项法规。加州碳市场的法律基础是 2006 年的气候变化法案，它以立法的形式确立到 2020 年将全州温室气体排放减少至 1990 年水平的目标。

二是建立管理体制。空气资源委员会（ARB）是加州碳交易市场的领导机构，负责设计"总量控制与交易系统"和制定实施《气候变化领域规划》。它针对占全州碳排放总量 80% 的约 350 家实体，设置了排放总量上限，向这些实体发放可以在市场上交易的排放配额。

三是分阶段纳入，用配额约束和激励。对参与实体，实行分阶段纳入：2013～2014 年，排放超过 2.5 万吨 CO_2 当量的工业、电力部门；2015 以后，包括交通、住宅、以及商用燃料等。

对于工业企业，90% 的排放配额将免费发放，剩余部分通过市场拍卖进行出售。对于电力行业，其中电力输送企业可免费获得排放配额，发电企业则需购买排放配额。

表 1   加州排放限额   亿吨 CO_2 当量

年份	2013	2014	2015	2016	2017	2018	2019	2020
上限	1.604	1.573	3.377	3.661	3.547	3.323	3.212	3.100

四是实行排放报告和验证制度。2009 年 1 月起，加州碳市场覆盖的排放源需强制上报上一年度温室气体排放信息，进行排放点源和排放强度"大摸底"。上报的排放量必须通过第三方验证，并得到加州的认证。未完成或未及时上报排放量将面临处罚。排放报告信息作为设置或调整 CO_2 排放上限的重要参考，为碳交易提供基础支持。

五是完善政策和行动。主要表现在三方面：①体系设置。交易体系覆盖约 350 家企业和 600 多个设施。控排实体既可以用配额履约，也可以通过支持林业活动获得排放指标抵消其 8% 的碳排放限额（1 吨碳汇信用相当于 1 吨 CO_2 当量）。为稳定碳价，空气资源委员会不仅允许配额交易、配额存储，还拨出配额总量的 4% 进入配额价格控制储备（Allowance Price Control Reserve），调节市场波动。②照顾方案。政府决定排放许可的分配，尽量照顾高能耗和进出口行业，减轻其负担，避免企业外流。③罚则。若控排实体未实现减排目标，每多排放 1 单位的碳，必须上交 4 单位的排放额度。

林业碳汇：加州碳市场绿色金融新亮点

加州碳市场制度设计明显区别于其他区域性碳市场，如"区域温室气体减排行动"①(RGGI)和"西部气候倡议"②(WCI)。一是为控排实体履约和林业参与碳市场开"窗口",即林业碳汇为代表的碳抵消机制。碳抵消设有上限,企业用于合规的碳抵消指标不超过排放配额的8%。这意味着在2012~2020年期间,最高约2.3亿吨的碳抵消指标将进入该市场。

二是加州碳市场监管机构批准了四种碳抵消项目类型,包括林业、城市林业、消耗臭氧层物质和农业甲烷项目。这些项目产生的碳抵消指标,作为配额的替代形式,可用其满足控排实体履约要求。碳抵消具有相对优势,企业购买它们来满足排放上限要求,比投资新技术减碳或购买碳排放配额的成本更低。碳排放配额的交易价格每吨12美元左右,而抵消额度的价格每吨在8~10美元之间。

因价格优势,碳抵消项目表现出供不应求的局面,呈现良好的发展前景。自2012年该市场启动到2014年,林业项目已获得165万吨签发量(专栏)。

专栏　加州碳市场签发第一批林业碳汇指标

2013年11月13日,加州宣布签发碳市场启动以来的第一批林业碳汇信用,控排实体可以从交易市场购买碳汇信用,以抵消自身产生的碳排放,1吨碳汇信用相当于1吨二氧化碳当量。该项目名为威利茨森林项目(Willits Woods),位于加利福尼亚州的门多西诺县,距离旧金山市约150公里,属于森林经营类项目。项目开发方为Coastal Ridges LLC公司(项目业主),项目面积18008英亩(约11万亩),签发的减排量约120万吨,监测期从2004年到2012年,所用方法学为气候行动储备森林项目协议(Forest Project Protocol, version3.2),第三方核查机构为SCS Global Sercices。另外,加州还签发了缅因州的一个森林经营项目,减排量约24万吨CO_2当量。

三是加州碳市场碳抵消的主要运行机制是"协议制",即碳抵消指标颁发给根据"加州空气资源委员会认可的抵消协议"运作的项目(图1)。协议内容包含项目的资格标准(确保项目的额外性),以及计量方法学、监管核查和执法要求。协议是碳抵消项目评估和判决的依据,界定了碳抵消项目的基本方法和实施步骤,并确定减少温室气体排放的效益。

在协议基础上,针对本国林业碳汇参与加州碳市场,制定了美国森林项目协议(US Forest Projects Protocol),并由加州空气资源委员会认可后正式发布。美国森林项目协议又分为两种,一是美国森林项目遵约抵消协议(Compliance Offset Protocol for US Forest Projects),二是城市森林遵约抵消协议

---

① "区域温室气体减排行动"是由美国东北部10多个州组成的区域性自愿减排组织。目标是在2019年前将区域内的温室气体排放量在2000年的排放水准上减少10%。根据规定,各州至少要将25%的排放许可权配额进行拍卖。

② 西部气候倡议是美国西部5个州2007年发起成立的区域性气候变化应对组织。2008年,该组织明确提出建立区域性排放贸易体系,并设定具体减排目标。该体系适用于工业、电力、商业、交通运输以及居民燃料使用,以2005年的排放量为基准,到2020年将该区域温室气体排放量降低15%。

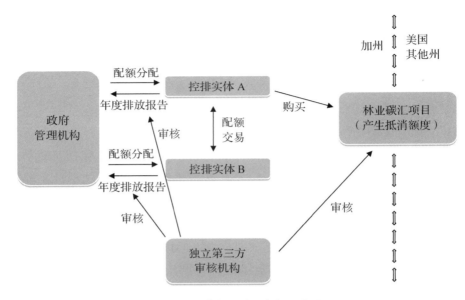

图 1 加州碳市场林业参与示意图

（Compliance Offset Protocol for Urban Forest Projects）。

美国森林项目遵约抵消协议①允许三类项目，即再造林、改进森林管理和避免林地转换。再造林项目和改进森林管理项目可以位于私人土地上或州、市所有的土地上，但避免林地转换项目必须在私人土地上实施（特殊情况除外）。城市森林遵约抵消协议②适用于三种类型区域内的城市森林，即城市区域、校园和公用事业单位管理的区域。

打造新时代生态友好型碳金融

加州林业碳汇为减排企业提供了低成本减排路径选择。同时，州政府积极金融创新，支持林业碳汇项目发展，取得了较好成效，集中表现在两方面：

一是碳排放收费反哺林业。根据加州相关法律法规，碳排放权拍卖收入属于政府收费，而不是税收，必须用于减排温室气体或减缓温室气体排放带来的危害。加州议会和政府已达成共识，将碳交易机制下拍卖碳排放权所得收入纳入预算管理，并明确界定四种用途：投资清洁能源、改善生态环境、

---

① 协议主要有九项内容：森林项目的界定和要求、市场规则和其他规定（额外性、项目启动、项目授信期等）、确定项目区域、项目边界、计量温室气体净减少和增强气体净清除、确保温室气体净减少和增强气体净清除、项目监测、报告要求、核查。

② 协议主要有八项内容：减少温室气体排放项目（项目界定及方法学、项目运营商或授权的项目指定人）、资格规定、项目的边界及计量方法、温室气体减排计算方法及计量方法学、持久性、抵消项目监测及计量方法学、报告参数（年度报告要求、文件保存、核查周期）、监管核查要求。

低碳交通工具以及可持续基础设施建设等。加州2014～2015财年预算为1564亿美元，其中出售碳排放配额筹集的8.72亿美元将用于高速铁路、保障性住房和可持续社区、低碳交通、公共建筑能效、防火和城市林业、湿地和流域恢复等项目，其中6700万美元用于林业直接相关活动（表2）。

表2　加州2014～2015财年部分碳排放配额收入使用方向

项目	主管部门	子项目	金额（万美元）
生态环境和废弃物利用	渔业和野生动物局	湿地和流域保护	2500
	林业和消防局	防火和城市林业	4200
	废弃物部门	废弃物再利用	2500
干旱应急			4000
能源效率和清洁能源	能源委员会等	公共建筑能效、农业改造等	11000

注：摘自 *Cap and Trade Expenditure Plan*。

二是森林投资基金促进森林碳交易。今年2月，Round Valley印第安部落获得加州空气资源委员会批准的54万吨林业碳汇碳抵消指标，可直接销售给控排实体用于满足减排要求。该项目的成功，得益于新森林投资基金①（New Forests）下属的森林碳伙伴投资基金（Forest Carbon Partners）的有效运作，该基金为项目提供前期投资资金和管理。事实上，新森林投资基金在加州碳市场启动之时，已捕捉到其中存在的巨大商机和潜力。2012年，已经与多个印第安部落和社区公众达成合作意向，设计并运作面积达到1.1万英亩（约6.7万亩）的林业碳汇项目。这些项目产生了良好的碳汇效益，保护了丰富的森林生物多样性，并为当地居民提供了新的收入来源，改善了生计。新森林投资基金制定了规划，将通过森林碳伙伴基金，投资超过10万英亩（约61万亩）林地，专用于加州碳市场碳抵消项目。

（分析整理：赵金成、曾以禹、张多；审定：张利明）

---

①　新森林投资公司（New Forests）是全球规模颇大的林业投资机构，它为业主管理着可持续林业和相关生态服务市场。新森林所执行的三大投资策略为客户带来了多元化选择，包括澳大利亚和新西兰可持续的林地投资；亚太区高增长林木市场的林业投资；美国保护性地产及环境市场投资。公司在悉尼、新加坡和旧金山设有办事处，目前管理着18亿美元的基金和资产，其在澳大利亚、美国和亚洲管理的土地超过了41.5万公顷。

新西兰：国家级市场的典范

摘要：新西兰是《联合国气候变化框架公约》和《京都议定书》缔约方，为完成规定的减排目标，于 2008 年启动了国家级碳排放权交易市场。该市场对林业实行"配额分配、分类管理"的管控模式，对 1989 年前森林，免费提供奖励，要求保护林分减少排放；对 1989 年后森林，可通过造林增汇活动在碳市场申请获得配额，从而获取收益。鉴于林业部门能抵消国家排放的很大比例（约 1/4），市场针对前述两类森林，分别制定了"免费奖励 + 入市直接交易"结合的激励政策，较好发挥了支持生态建设的"绿色催化剂"作用。

概况

新西兰是位于太平洋西南部的一个岛屿国家，由北岛和南岛两大岛屿组成。新西兰属于发达国家，农林业是国家经济基础，全国一半的出口总值来自农牧产品，也是主要的原木出口国。其森林资源丰富，面积 810 万公顷，森林覆盖率 30%。天然林 630 万公顷，人工林 180 万公顷。主要产品有原木、木浆、纸和木板等。

新西兰是《京都议定书》（以下简称《议定书》）签署国，根据规定，在第一承诺期内（2008 ~ 2012 年）必须将其温室气体排放控制在 1990 年水平。为此，新西兰建设国家碳排放交易市场，旨在完成减排目标。2006 底至 2007 年初，政府就碳市场以及碳税、奖励、补贴、直接监管措施等五种应对气候变化政策方案征询意见，最后各方认定碳市场是低成本减排的首选方法。

2008 年，新西兰正式启动全国碳交易市场。2009 年，新西兰森林体系吸收了全年温室气体排放的近 1/4，将林业纳入碳市场对新西兰很有利：一方面，可以促进林业通过造林增汇活动获得配额，向有关超排实体出售，获得经济效益，激励植树造林和森林保护；另一方面，工业、交通、能源等作为需求者可向林业部门购买配额，弥补超额排放，降低了这些部门的成本。最终从总体上有利于降低新西兰履行《议定书》的成本，同时建设国内良好的生态环境。

制度设计基础

一是碳交易制度设计的法律基础：《议定书》+ 碳配额制度。根据《议定书》，允许新西兰使用合规的林业碳汇，来履行其在《议定书》下所承诺的减排目标。根据这一规定，新西兰把碳市场管控行业分为三类：①"汇清除"行业，即 1989 年后的森林，特点是碳汇贡献大、经济影响大，任务是增加符合《议定书》规则的碳汇；②"纯排放"行业，即液态化石燃料和固定能源行业，特点是排放大、经济影响小，按照《议定书》，要降低它们的排放；③"基础性"行业，即 1989 年前森林、农业、渔业和工业生产过程，特点是排放大、经济影响大，为避免强制减排产生负面经济影响或为鼓励这些行业不改变土地用途，碳市场对其发放免费配额。基于以上三类行业的不同特点，设计了针对性的配额管理制度，"汇清除"行业可以直接入市获取配额；"纯排放"行业可以直接入市购买配额；"基础性"行业可获得一部分免费分配的配额，其超额排放部分需购买配额。可以看出，新西兰碳配额制度遵循"谁排放、谁付费，谁吸收、谁受益"的原则设计。其"纯排放"行业就是完全付费行业，"汇清除"行业是受援助行业，"基础性"行业介于二者之间。

二是碳交易制度设计的运行基石：行业覆盖 + 配额管理 + 遵约机制 + 交易机制。①"行业分类覆盖、稳定市场运行"，即覆盖足够的行业，确保市场有足够的参与者，避免市场萎缩。②"免费、购买和抵消"三种混合的配额管理模式并存。以林业为例，由于其在国内经济所占权重较高并且是新西兰减缓气候变化战略的重要组成部分，所以可以"免费"进行配额补偿（1989 年前森林）、也可"抵消"工业排放（1989 年后森林）。即林业是"免费"和"抵消"制度同时并存的参与主体。③"权利义务对等"的遵约机制。在碳市场中，林主的权利主要是根据碳汇增加可获得配额进行碳交易，市场确保林主的自愿参与权、交易权、获利权等。但因碳储量净减少，林主有义务上交配额。④"确保交易发生和平稳运行的交易机制"。主要包括建立统一的交易单位（即新西兰单位）；明确要求市场主体通过中央注册系统进行申报、登记、注册；对交易全过程跟踪记录；如实上报森林增汇和排放情况等。

用双轨模式支持两类森林的生态建设

目前，国际上很多森林碳交易都以清洁发展机制（CDM）项目形式开展，获取的碳汇经第三方核证后获得核证减排量（CER），以抵消工业排放，这种模式一般被称为抵消机制。许多市场对这种机制一般都有上限控制，如不超过控排企业许可减排范围的 5%。

新西兰并未采取这种模式，而是从国家层面进行创新，用碳市场配额制度直接支持森林生态建设，制度设计上主要采取"非抵消机制 + 一次性支持"的双轨模式。

"非抵消机制"针对 1989 年后的森林，主要有两项政策措施：①采取直接入市交易获取配额获得绿色资金支持。碳市场对 1989 年后的森林，立法赋予直接入市交易获取配额的权利，这样做的目的有两方面：一是林业碳汇具有抵消其国家排放 25% 的强大功能，碳市场理应直接纳入，并且这种做法也符合《议定书》3.3 和 3.4 的规则要求，属于有效交易；二是为了在碳市场初运行阶段执行"广覆盖、循序渐进、稳定市场"的思路。②对林业参与碳市场获取配额不设上限。碳市场对决定加入的林主，不设置其参与碳市场通过碳交易获取新西兰单位的具体上限。这样做，主要基于三点：首先，激励林主长期加强森林增汇措施；其次，便于把林业参与者通过中间集团交易商的模式组织起来，开展大规模造林、生物多样性保护增汇活动；最后，丰富市场参与者的主体形式和组织形式，维护和稳定市场运行。

"一次性支持"是针对 1989 年前森林，给予一次性补偿。碳市场对 1989 年前森林给予绿色支持，即免费分配 5500 万个新西兰单位（约 13.75 亿新元），法律依据是《议定书》，通过补偿已有林林主的机会成本，减少毁林，减少国家排放。资金支持标准是已有林产权状态和林主已持有森林的年限，具体制度规定：第一，合格的 1989 年前森林，并且自 2002 年 10 月 31 日并没有改变所有权安排的，每公顷将获得 60 个新西兰单位①；第二，合格的 1989 年前森林，但于 2002 年 11 月 1 日当天及之后转让给持有人，可以获得每公顷 39 个新西兰单位；第三，已在 2008 年 1 月 1 日当天（或以后）通过《怀唐伊定居点条约》(Treaty of Waitangi)转让给毛利人部落的皇室森林，可以获得每公顷 18 个新西兰单位。

新西兰绿色资金支持和碳市场之间是相互促进的关系：一方面，碳市场尽力给予林业创造最大的增汇、生物多样性的生态效益空间；另一方面，林业参与补偿过程，林主获得了长期参与碳市场的信心，也丰富了林业组织形式，从而长期稳定市场运行。

（分析整理：赵金成、曾以禹、张多；审定：张利明）

---

① 新西兰碳市场实施的是固定价政策，1 个新西兰单位约合 25 新元，1 新元约合 4.69 元人民币。

后　记

　　经过努力,《气候变化、生物多样性和荒漠化问题动态参考 2015 年度辑要》与读者见面了。辑要密切跟踪国际生态治理进程和各国生态建设情况,力图及时、客观、准确地搜集、分析、整理国际气候变化、生物多样性和荒漠化领域的重要行动和政策信息,供有关领导和管理部门了解情况和决策参考。

　　此项工作得到了国家林业局局领导的亲切关心,得到了各司局、各单位的大力协助,得到了国家林业局有关专家的悉心指导。在此,谨向关心、支持这项工作的领导、专家和有关单位表示衷心感谢!

　　气候变化、生物多样性和荒漠化等问题覆盖面广,涉及许多方面的内容。我们深知工作有许多不完善的地方,今后会倍加努力,希望得到各界人士关心和支持,对我们工作提供宝贵意见。

国家林业局经济发展研究中心

地址：北京市东城区和平里东街 18 号，100714

电话：（010）84239163

E-mail：climate&forest@ 126. com